# 菌の声を聴け

タルマーリーのクレイジーで豊かな実践と提案

渡邉格・麻里子

旧那岐保育園を改装したタルマーリー外観。
ここでパンやビールを作り、併設のカフェでは
ピザやサンドイッチも提供。

美しい麹　（2021年4月1日撮影）

2017年夏、麹観察の記録

7月15日仕込み：
比較的混じりがない麹

7月24日仕込み：
近所での農薬散布後の黒いカビがはえた麹

8月18日仕込み：お盆の排気ガスと
スタッフの疲れ？で最悪の灰色カビ

9月11日仕込み：
状況が落ち着いて、比較的純度の高い麹

初代の小さな石臼製粉機

2代目のオーストリア産の石臼製粉機

ロール製粉機

# はじめに

人間が生き延びるということは、他者を破壊するということなのだろうか？　他者を破壊せずに共存する方法はないのだろうか？　この問いを探るために、自分の人生を振り返りながらこの本を書いた。

私（渡邉格）は鳥取県の山奥の智頭町で「タルマーリー」という店を経営し、パンとビールを作っている。パンやビールは、菌による発酵でできる発酵食品だ。この発酵菌に魅せられて、ここ智頭町に辿り着いた。

智頭町に来てから私は、パン職人からビール職人へ転向した。

ビール作りでは麦芽とホップで麦汁を仕込んだあと、前回作ったビールの澱、つまり酵母を放りこむ。麦汁は一時間以上も煮沸をしたあとの、いわば死の海だ。ところが酵母がシュワッと広がり液体の中に拡散していくと、しばらくは何もなかったように静まり返るのだが、次の日にはその液体から泡が噴き出してくる。この様子を見ていると、地球内部からエネルギーが噴き出してくるような感じがして、地球の始まりもこうだったのかな、と遠い昔に思いを馳(は)せる。

さて、こうして見えない微生物との対話が始まる。小さな微生物たちが、五〇〇リットルタンクに入った麦汁をビールに変化させると思うと、なかなか壮大な仕事だ。菌を通じて見ると、生命とは不思議なものである。各自が好き勝手に生きているのに、全体はバランスよく調和する。結果としてアルコールという、人間にとって有益なものが生まれる。

一方で、人間社会ではさまざまなルール設定がされていて、みんなその範囲の中で生きている。お互いにとって不利益を被(こうむ)らないようにルールがあり、この社会は順調に発展してきたようにも見える。

が、今、私たちが直面している現実世界では、多様な動植物たちが人間の活動によって次々に滅びているし、これからも滅びていく未来が見える。

本書を書くにあたりあらためて記憶を辿っていくと、我ながら、恐ろしくクレイジーな人物像が浮かびあがった。しかし、やりたいことを愚直なまでに追求することは、一つひとつの行動を楽しみながら記憶していく作業だったと気づく。

大量生産・大量消費システムで「みんな同じがいい」という社会の雰囲気は、私にはとても息苦しくて、私の人生はこの雰囲気との闘いだった。そうして私は、ちょっと変なモノを作る職人になった。

こんなクレイジーな人生はあんまり参考にならないかもしれないけれど、楽しみながら何かのヒントを共有してもらえたら、幸いである。

## 目次

## 第3章 ビールへの挑戦



## 第4章 菌活者・仮面の告白

## 第5章　源泉を探る



## エピローグ　タルマーリー、新たな挑戦

# 第1章

# 再出発

# 1 タルマーリー、終了の危機

## 二時間でパンが売り切れる

「なぜ岡山から鳥取県智頭町に移転したのですか?」

この質問を何人の方々から受けただろうか。『田舎のパン屋が見つけた「腐る経済」』（講談社、以下『腐る経済』）を出版してわずか一年で本の舞台から移転するという、世間から見るといわば〝猟奇的〟な行動に出るまでの経緯を、ここで綴っておこう。

二〇一四年、『腐る経済』出版からちょうど一年が経った頃、タルマーリーは絶頂期を迎えていた。本は日本でも予想以上に売れたが、なんと韓国では翻訳本がベストセラーになり、国内外からたくさんのお客さんが来てくれるようになっていた。そしてこの年の十月五日、フジテレビの番組「新報道２００１」でタルマーリーについての特集が全国放送されるや、パン屋の前に朝から大行列ができ、連日開店から約二時間ですべてのパンが売り切れるという異常事態になっていた。

パンを都会に出荷しなくても、田舎の店舗だけで売り切れるなんて……。開業当初からの販売努力を思うと、夢のような状況だった。しかしこの頃、私たち夫婦は身も心もボロボロに疲れ切っていたのである。

じつはそのテレビ放送の一週間前、当時パン製造の主要スタッフだった女性が、

「タルマーリーを辞めたいです」

と切り出した。

「私はただ、楽しく生きていきたいんです。格さんの考えるような〝修業〟をしたいというよりも、ただ楽しくパンが作りたいだけなんです」

というのが、彼女の主張だった。

たしかにその頃の私は、原理主義的に、ストイックに、パンを極めようとしていたし、スタッフにもそういう考えを押しつけていた。

「パンの材料は自然栽培でなければならない！」

と力んでいたし、製造過程でも細かいことにこだわって、

「これこそが職人仕事だ!」

と決めつけていたのかもしれない。

パン屋の仕事は朝早く重労働で、ただでさえ大変だ。それに子育ても忙しい。そんな状況で私たちは、二〇一一年の東日本大震災と福島の原発事故を機に、親戚も友人もいない岡山県真庭(まにわ)市勝山に家族四人で移住した。千葉に住んでいた頃は、東京に住む妻のマリの両親が頻繁(ひんぱん)に子どもたちの面倒を見にきてくれたのだが、勝山に移住した直後は近くに誰も頼れる人はいなかった。

あの頃、家族全員インフルエンザに罹(かか)ったときがあったが、マリも私も倒れて幼い子どもたちの面倒など、どのように乗り切ったのだろうか……。今では何も覚えていないほど、とにかく必死に生きていた。

そして本が出版されたあとは、さらに忙しくなった。多くのお客さんへの対応や、雑誌やテレビなどのメディア対応で多忙を極めていた。その上に私は、パンだけでなく新たにビール醸造の事業を立ち上げようとしていたのである。

## 子どもたちの教育問題

「なぜパンだけでなく、ビールを始めたのですか？」

　この質問も、星の数ほど受けてきた。これに対して、私は智頭に移転しビール事業を立ち上げて数年経った頃にやっと、

「パン作りに必要なビール酵母を、大量に安定的に仕込むためです」

と答えられるようになったのだが、事業を立ち上げる前はただ、

「ビールが好きで、天然酵母でビールを作るのがずっと夢だったんです」

という能天気なことしか言えなかった。

　私はとにかく、考えるよりも先に行動してしまう。直観的に「ビールを始めよう！」と思ったら、とにかく実現に向けて動き出す。なぜビールを作るのか、事業はうまくいくのか……なんていうことは、やってみて結果が出て初めてわかることだ。それを言葉にして人々に伝えられるようになるのは、ずっとあとになってからのことなのである。

その頃、パン屋はすでに手狭で、とてもビールを作れるスペースはなかったので、近隣で物件を探し始めた。だが、なかなか適当な物件が見つからなかった。そこで、勝山から東へ約六〇キロメートル、車で一時間もかかる岡山県美作市近辺も視野に入れて物件探しをした。

なぜそんな遠いところで探し始めたのかというと、マリがずっと悩んでいた子どもたちの教育問題があったからだ。マリは東京都世田谷区池尻という大都会で生まれ育ったから余計に、自分の子どもは自然豊かな田舎で育てたいという想いが強くあった。しかし実際に田舎に移住してみると、現代の日本社会では、いわゆる「田舎らしい子育て」の実現は想像以上に難しかった。

東京から千葉へ移住し、さらに岡山へ移転し……。タルマーリーを軌道に乗せるために、私たち夫婦は幼い子どもたちを保育園に預けて一生懸命働いた。しかし、現代の保育園では何よりも「安全」を重視し、怪我をする恐れから、自然の中で身体を動かす活動は避ける傾向にある。座学だけでなく野外で身体を動かして学ぶ経験も重要だと思うのだが、危険を避けるばかりで、子どもたちに多様な経験をさせてあげられない。保育園で叶わないのであれば、休日に親が自然体験をさせてあげられたらいいのだが、私たちは仕事で忙しくてそのような時間をとれず、もどかしい思いを抱えていた。
「田舎で暮らせば日常的に自然の中で遊べる」というイメージは幻想だった。むしろ、田舎より都会の人のほうが自然体験を重視しているということにも気づいた。それに、過疎(かそ)地域では保育園や小学校がそれぞれ公立一つしかなく、選択の余地はない。

　都会から田舎に移住したいけれど、教育の選択肢が少ないという理由で移住を決心できない人も多いと思うのだが、かといって私たちは、都市で暮らし子どもたちに都市で教育を受けさせたいとは思わない。なんといっても、田舎でしかできないモノ作りを生業(なりわい)としたいのだ。

　二〇一一年の震災後、千葉からどこへ移転したらいいのか悩んでいたとき、せっかくなら自然体験型の保育園がある地域に移住したいと考えたマリがインターネットで調べ、鳥取県智頭町の「森のようちえん　まるたんぼう」を見つけていた。しかし私はそのとき、〝ひとっこひとりいない〟というイメージのある山陰地方で商売ができるとは到底思えなかった。ただでさえ、生まれ育った東日本から、縁もゆかりもない西日本へ移転することにビビっているというときに……。

　そして結局、人口の多い山陽地方に移転したのだが、マリの願っていた教育環境はここでは実現しなかった。そうして相変わらずの悩みを抱えていた二〇一四年の夏、

「森のようちえん　まるたんぼう」のスタッフが、勝山の店にパンを買いに来てくれた。こうしてご縁ができたことを機に、私たちはすぐに智頭町へ見学に行った。

そしてそこにはまさに、マリが望んできた教育の姿があった。このとき息子のヒカルが保育園の年中組、つまり小学校入学まであと一年なので、森のようちえんを経験するには最後のチャンスというタイミングだ。

というわけで、智頭町の森のようちえんに通える地域にビール工房を作り、私たち家族の生活拠点もその周辺に移すことを考え始めた。ただそのときは鳥取県ではなく、とてもお世話になってきた岡山県でやりたいと考え、美作市で物件を探し始めたのだった。

## 夢のネズミーランド

何もかもうまくいく……と見えるかもしれないこの計画は、しかしかなり無謀（むぼう）だった。その頃、タルマーリーの常勤スタッフが四名いたとはいえ、彼らに現場を任せられるほどの技術を渡すことはできておらず、私が不在でのパン作りは難しい状態だった。それにビール事業を始めようといっても、野生の菌だけで発酵させているビール醸造所は当時まだ日本になく、新規事業の立ち上げを任せられるスタッフのあてもない。つまり私が開発するしかない状況だったのだ。

「パン屋とビール工房の距離が離れていたら、絶対に無理だと思うんだよね。だってイタルがいなかったら、どっちもできないじゃん」

と、マリは不安がっていた。そもそもヒカルを森のようちえんに入れたがっているのはマリじゃないか。でもたしかに、現実的に考えると事業計画には無理があった。しかし私は、

「とにかくできる!」

と思いこみ、動き出そうともがいていた。

その計画を考え始めてから、案の定、さらに余裕がなくなった。パン製造を任せられるように、スタッフに早く技術を習得してほしいと焦(あせ)って厳しく当たってしまい、彼らを精神的に追い詰めることになったのだと思う。

今思い返してみるとこの時期、私は軽い鬱(うつ)になっていたのかもしれない。「東京の友だちに会いたいなあ。気楽に話せる友だちが近くにいないのが、けっこう苦しくなっ

てきた」と、マリに愚痴るようになっていた。知り合って間もない人と何回か岡山市内や倉敷に飲みに行ってみたりもしたのだが、気が晴れるような結果にはならなかった。そうこうしているうちに、休日も外に出るのが億劫で、誰にも会いたくなくなっていた。

それに何より、パン作りに必要な湧水を、車で往復二時間くらいかけて蒜山まで汲みに行くという作業が、徐々に苦痛になっていた。

そして追い打ちをかけたのが、ネズミである。

千葉で営業していた頃から念願だったロール製粉機を、ついに二〇一三年末に勝山で導入した。ロール製粉機とは、白い小麦粉を製粉できる機械である。これがあれば大手製粉会社から購入している小麦粉だけでなく、地域の小麦を自前で製粉してパンの材料にできる。つまり、地域の小規模農家に、

「うちが買い取りますので、小麦を自然栽培してください」

と、契約栽培を依頼できるようになるのだ。

しかしこのロール製粉機を設置するには、天井まで高さ六メートルある部屋が必要だった。けれど、勝山の物件は昔ながらの町屋で、そのような部屋は確保できない。そこでこの高さ六メートルの製粉機を置ける物件を近くに探してみたのだが、どうして

も見つからない。結果的には仕方なく、パン屋の低い天井に合わせて機械を改造することになった。

無事に改造もでき、夢の製粉機を手に入れて、

「これでディズニーランドみたいな、パンのテーマパークができるぞ！」

と感激したのも束の間。結局、改造の不具合から小麦が漏れてしまう始末。そして、その小麦のおこぼれを目がけて、町中のネズミがわが店に集まってきたのだ。

「おお、夢のネズミーランドだ。ついでに私はミッキーマウスでなくビッグマウス？」

と自虐（じぎゃく）ネタで笑い飛ばしたいものの、ネズミが集まると必然的にダニも増えて、二階の自宅スペースも落ち着いて眠れないような状況になってしまった。睡眠不足と新規事業立ち上げへの不安で、マリも常にイライラして、スタッフをきつく叱るような場面が続いていた。

そんな矢先に、かの女性スタッフが退職を願い出たわけである。他のスタッフも全員が彼女に共感し、すべては私たちオーナー夫妻の至（いた）らなさからくる結果としか言いようがなかった。

## 閉店宣言

さあこの先、タルマーリーをどうする？

すぐに夫婦で話し合った。スタッフ全員の信頼を失っていたことにショックを受けたマリはひどく落ちこみ、泣いていた。しかし私はこんな窮地にこそ力が湧いてくるタイプだ。そして次の瞬間、こう言っていた。

「もうやめよう。この店、閉めよう。解散しよう」

マリは私の言葉にあっけにとられ、そしてまた大きなショックを受けて、さらにたくさんの涙を流し始めた。

しかしまた次の瞬間、私はふと思い出して、マリに訊いた。

「そういえば、森のようちえんの申し込みはいつまでだっけ？　ほら、マリ！　泣いてないで、調べてみよう」

まだ具体的に進めていなかった森のようちえんへの入園手続きだが、すぐに調べてみると、なんと願書提出締め切りが三日後に迫っていた。

「おお、ゴーサインが出た！」

と、直観した。早速、森のようちえんに電話で問い合わせ、速達で願書を出した。

こういうときは思い切って、ふりだしに戻るべきだ。発酵に関わる酵母も、うまくいかなかったときは最初からやり直す。すべてをあきらめ、根本に戻ることが大事だ。

こうして、スタッフの退職願いから半日と経たないうちに、私たちは一からやり直すことを決めていた。次の事業物件もまだ確定していない。どこに住むのかも決まっていない……。しかしすべてをまっさらにして、もう一度良いモノ作りのできる環境を探そうと決心した。

もう後戻りはできない。そもそも自分はダメな奴だから、これ以外の選択肢はない。ここまでやってこられただけで儲けものではないか。十代の頃、フリーターやパンクバンドをやっていたあの頃、最悪の状態にいたことが、むしろ今、力に変わる。

そして一週間後。このどん底の状況でテレビ放送があり、連日大行列の絶頂期を迎えるのだった。

潔く勢いでマリに閉店宣言をした次の日には、スタッフにもその旨を伝えた。こんな無茶苦茶なオーナーに、「これからもついて行きます！」と思ったスタッフは、この時点でもう一人もいなかっただろう。

## 顔の角度を一五度あげよう

潔く宣言をしたものの、私自身も不安でいっぱいの、ただの格好悪い奴になっていた。

実際のところ、次の物件はどうするのか？　引っ越しの費用はいくらかかる？　そもそもお金の管理はマリに任せっきりだけど、うちの貯金はいくらあるんだ？　わが家は今後何カ月暮らしていけるのだろう？

人間は動いていないといろいろ考えに囚（とら）われて不安になるものである。こんなときの自分の強みは、

「ただ単に、何もなかったあの頃に戻るだけだ」

と思えることである。そして早速、自分のできることは何かを探し始めた。

・引っ越しをすべて自分で作業できるよう、機械操縦の免許を取る。
・次の店の改装をＤＩＹでやるために、新しい工具を手に入れる。

などなど……。

次の動きを具体的に考えると、ゆっくり休んでなんかいられない。私はこんなふうにして閉店宣言への後悔を振り払ったが、マリは二日間ほど泣き続けていた。

「もう、いつまで泣いてるんだ！　とりあえず顔の角度を一五度上にあげてみてよ、気持ちもあがるから」

などと私はマリに喝を入れていたが、今考えると落ちこむのは当たり前のことだ。

両親や友だちとの思い出深い千葉から思い切って移転した勝山の店には、またそれ相応のお金と労力を注ぎこんでいた。開店から三年目とはいえ、前年には庭とカフェスペースを大幅に改装していたし、苦労して立ち上げ運営してきた店への愛着はすでに深く、それをすべてゼロに戻すなんて普通は絶対にしない行動だろう。

しかし私は、逆境こそが一番楽しいと思いこむ。そして考える前にとにかく動く！実際、やらねばならないことがたくさんあった。

結局、閉店宣言から一カ月後の十月末で店を閉めることを決定した。そこでまずは、我々を全面的に応援してくれていた大家さんをはじめ、お世話になっていた町の方々に閉店することを伝えた。

そして、『腐る経済』編集者の加藤晴之さんに電話をして、移転する旨を伝えた。出版からわずか一年で本の舞台から移るなんて、正気の沙汰ではないだろう……。無名のパン屋である私が本を出版するにあたって尽力してくださった加藤さんに迷惑をかけることになって本当に申し訳なかったし、加藤さんも戸惑っている様子だった。

そういう現実的な対応をしていく中で、さすがの私も世間からのプレッシャーを感じ、精神的な疲れがたまってきた。そしてついにぎっくり腰が慢性化し、ろくに歩けないような状態になってしまった。しかしそのような状況でも、予定されていたパン教室の講師は座ったままこなし、もろもろの仕舞い仕事を忙しくやり過ごした。

おもしろいもので、人間は動いていると思考が楽観的になる。次の店をやる物件がきちんと決まっていないというのに、まあなんとかなるだろうと思っていた。実際にその時点で岡山県美作市に候補物件を見つけており、そこでパンとビールを作り、自宅兼工房兼店舗にしようと考えていた。私たちと同様に震災後東京から岡山に移住した友人が美作市で商売を始めており、彼らが候補物件と町の有力者を紹介してくれて、具体的に契約しようという段取りになっていた。

## 2 智頭へ

### 智頭町役場の三人、現る

さあそしていよいよ、明後日に契約をしに行こうという日、携帯が鳴った。智頭町の知人からの電話で、

「智頭町役場の人たちが、タルマーリーさんに会って話を聞きたいと言っているんですけど」

とのこと。森のようちえんに願書を出したことで、タルマーリーが智頭町周辺に移転することを察知したらしい。

「でも、私たちは岡山県内で移転しようと思っているし、智頭町で商売をしようとは

まったく考えていないので、お会いしてもご期待に沿えないと思いますので」

とお断りしようとすると、

「いや、でも、なんとかお話だけでも……。勝山まで行くと言っていますし、なんとか少しだけでも時間をとってもらえませんか」

と熱心におっしゃる。それで断り切れず、

「ちょっと忙しいので、明日一時間くらいだったら時間がとれそうです」

と言わざるをえなかった。

そして翌日、定休日で薄暗い店に、智頭町役場企画課の若い職員三人が訪ねてきた。失礼ながら、私たちはやや面倒くさいと思っていたし、役場の人は杓子定規でおもしろくないだろう……などと斜に構えていた。

ところが実際に会ってみると、じつにスマートな人々で驚いた。名刺をもらうと、男性二人は國岡大輔さんと芦谷健吾さんという。そして女性一人は、鹿島満里さん。

「今日はお忙しいところお時間をいただいてありがとうございます。私たちが今日おうかがいしたのは、タルマーリーさんにぜひ智頭町に移転してほしいとお願いするためではないのです。ただ、タルマーリーさんがこれから移転してどのような事業をやりたいと考えておられるのか、物件に必要な具体的な条件などをおうかがいしたいのですが、教えていただけますか」

彼らがとても誠実で柔らかな雰囲気だったので、私たちも気持ちよく話すことができた。そして私たちが求める物件の条件をお伝えした。

1　麹菌が採取できるようなきれいな里山環境。
2　良質な地下水が蛇口から出る。
3　ビール工房ができる。
4　高さ六メートルの製粉機が設置できる。
5　パンとビールの製造・販売、カフェの営業に十分なスペースがある。
6　小麦や米など、契約農家から一括で仕入れられるよう、大型冷蔵庫が設置できる。
7　薪で調理できる石窯や薪ストーブが設置できる。

「そうは言っても、もう明日、美作市の物件の契約をすることになっていますので。せっかく遠くから来ていただいたのに、申し訳ないのですが」

最後にこう伝えると、彼らは言った。

「いいんです。ただ、何かお手伝いできることがあれば、なんなりと言ってください」

とても爽やかな印象を置いて、三人は帰っていった。

## 旧那岐保育園

その翌日、いよいよ美作の物件を契約する日である。この日は「新報道２００１」の取材も同行することになっていた。『腐る経済』出版まもなくから勝山に通って撮影、取材を続けてくれていたディレクターの阿部ひろみさんには、子どもたちもよくなついていて、もはや家族のような親しい関係性ができていた。先日放送された特集が好評だったことに加え、突然店を閉じ移転して新たなチャレンジを始めるというストーリーにも魅力を感じてくれた番組は、また特集の第二弾を製作するために、私たちの密着取材を続けていた。

そしてこの日は、

「美作の候補物件の大家さんと会い、契約書を確認したうえで、めでたく調印！」

という映像が撮影できるはずだった。

ところが。いざ対面してみると、予想外の契約内容を提示された。大家さん側の要求を受け入れたら、予想を大幅に上回る資金が必要になる。私たちは開業からずっと無借金でなんとかやってきたのだが、この条件では自己資金ではとても足りない。それとも借金をする？　いやいや無理だ……。

結局、契約はその場で断念した。いつもは楽観的な私も、さすがに目の前が真っ暗になった。テレビカメラもまわっている。

大家さんと別れたあと、このたびの件に関していろいろ世話をしてくれた友人の家で、お昼ご飯をご馳走になった。あのトマトソースパスタの味は、きっとずっと忘れないだろう……美味しかったな。だけど頭の中はこれからの不安でいっぱいだった。

「このままタルマーリー終了？　いやいや密着取材も来ているし、なんとしても格好つけなければ」

と思い、頭の中をフル回転させていた。するとふと、智頭町役場の三人の顔が浮かんだ。

「昨日の役場の人の名刺、今持ってる？」

マリに尋ねると、マリは鞄の中をごそごそ探り、名刺が出てきた！　そこで早速、智頭町役場企画課に電話をしてみた。

「今から三十分後ならご対応可能です」

との返事。ちょうどそこから智頭町まで三十分くらいかかる計算だったので、すぐに車で向かうことにした。

役場に着いてみると早速、

「今から現場に行きましょう」

と言われる。なんだかよく訳がわからないまま、案内された車に乗り換えて移動する。十分くらい走っただろうか。

「ここです。廃園になった保育園です」

この物件が、後に私たちが移転することになる旧那岐(なぎ)保育園だった。

山々に囲まれた静かな里山に建つそのかわいらしい保育園を見て、私たちはあまりにも驚き、思わず声を上げた。

「おお〜！　ここ！　来たことあります！」

前回の智頭訪問の際に、私たちはこの場所に来ていた。

息子のヒカルを連れて「森のようちえん　まるたんぼう」に見学に行った日、ちょうど台風で注意報が出て、森に入れなくなってしまった。

「雨の日も雪の日も、とにかく森で過ごす」

という方針の森のようちえんなのに、よりによって私たちが見学する日に森に入れないなんて、なんという不運……。

「残念ですが、今日は廃校になった小学校の体育館で遊びます」

と先生に言われて、地理もまったくわからないまま、幼稚園バスのあとに続いて十分ほど車を走らせると、その元小学校に着いた。

園児たちがしばらく体育館で遊んだあと、

「雨も止んだので、お散歩しましょう」

と先生が外に連れ出してくれた。小学校のすぐ側を流れる川沿いの小道を川上のほうに歩いていくと、右手に建物が見えた。

「お、なんかすごくかわいい建物だね。ちょうど大きさもいい感じだし、庭も広いし、こんな感じの物件が使えたらいいのにね」

マリと一緒にそんな話をしながら、そのあたりを散歩したのだった。

# タルマーリー勝山店、閉店

そしてこの物件こそが、智頭町役場が案内してくれた旧那岐保育園だった。これはきっと運命だろう。はやる気持ちを抑えつつ、物件の条件を一つひとつ確認した。

蛇口からは地下水が出る。

高さ六メートルの製粉機も設置できそう。

パン、ビール、カフェ、やりたいことがすべてできる面積もある。

それがわかったときは感動のあまり、マリと抱き合って喜んだ。

「ここでやります。ここを使わせてください！」

と、すぐに役場の三人にお願いしていた。

それにしても智頭町役場の対応の早さには驚いた。前日に私たちの話を聞いた彼らは、すぐにその条件に合致する物件が智頭町にあるかどうかを検討した。そして、この旧那岐保育園が良いのではないかと、勝山から帰る車の中ですでに話し合っていたそうだ。

そして翌日、私たちが突然連絡したのにもかかわらず、到着までの三十分の間に、車やスリッパ、懐中電灯、図面など、私たちが物件を見るための準備を完璧に済ませていた。民間の企業も顔負けの的確さとスピード感。行政のこんな素晴らしい仕事ぶりに触れるのは初めてだった。

「これで、タルマーリーが潰れないで済む……」

と、私は心からほっとしていた。

それから十日後の十月三十一日、タルマーリー勝山店を閉店した。二年八カ月の営業期間だった。スタッフには勤務継続の意思を尋ねたが、引き続きタルマーリーで働くことを希望する人は、誰一人いなかった。

しかし、悲しんでいる暇はない。何せ智頭への移転準備でやることは山積みだ。とにかく自分でできることはなんでもやろうと思った。ただでさえ不安定な状況に、マリは相変わらず心配そうだったけれど、私は元気よく言った。

「マリ、俺は腰が痛いからこそ、引っ越しは機械の力を借りようと思うんだよね。まずはフォークリフトとクレーン車の免許を取るぞ！」

そしてすぐに、免許取得のための講習に通い始めた。

## 智頭町の歴史

智頭町役場から物件を紹介してもらったことは大きな幸運で、本当にありがたい出来事だった。今度はパン屋だけでなくビール醸造まで手掛けるのだからより大きな規模になるが、それでも私たちは以前と同じくかぎられた自己資金で間に合わせるために、DIYでなんとかしようと考えていた。

しかし智頭町への移転は、これまでのプロセスとはちょっと違った。東京から千葉、そして千葉から岡山へ移転するときは、すべて民間のやりとりで、事業物件さえ確保できれば、あとは個人的に準備を進めるのみだった。

しかし今回智頭町で借りることになった物件は町有、廃園になった保育園である。しかも、物件の管理者は町役場ではなく、さらに小さな住民自治組織である「地区振興協議会」なのだという。

そこで、まずは旧那岐保育園の管理者である「いざなぎ振興協議会」の幹部へのプレゼンテーションを行うよう、町役場から指示があった。なんでも、この物件の使用を希望しているのはタルマーリーだけでなく、すでに他の事業者の使用に対して検討に入っていたのだという。

さあ、地域の方々が許可してくれるかどうかが決まる大事なプレゼンテーション。子どもたちも一緒に家族全員で自己紹介をし、タルマーリーのこれまでの実績と、今後やりたいビール事業などについて、一生懸命お話をした。

結果、めでたくタルマーリーへの使用許可が下りた。

とにかく私たちは、一刻も早く次の事業を始めたかったので、十月末に店を閉めてからすぐに改装作業に入ろうとした。しかし、役場企画課の國岡さんからストップがかかった。

「とりあえず、十二月の議会が終わるまでは、自分で工事をしないでください」

と言う。なんのことだかよくわからないけれど、とにかく指示に従うしかない……。その間、気ばかりが焦る。先ほども言ったように、千葉でも岡山でも、開業準備はほとんど自力でなんとかやってきたので、今回も行政や地域の協力をあてにしていたわけではなかった。

後々になってわかってきたことだが、智頭町では町長の寺谷(てらたに)誠一郎氏(当時)が住民自治に力を入れてきた歴史があり、「智頭町百人委員会」などのユニークな政策が行われてきたのだそうだ。そして町は六つの集落（旧小学区域）に分かれており、五つの地区振興協議会が存在しているという。統合により各地区の保育園は二〇〇七年に廃園に、小学校は二〇一二年に廃校になった。そしてこの旧保育園、旧小学校の施設を利用した活性化策に関して、寺谷町長は各地区振興協議会を中心とした地域住民に考えてもらい、いい提案には予算をつけることにしたのだそうだ。

というわけで、タルマーリーによる旧那岐保育園の使用を決めた「いざなぎ振興協議会」が、改装費用を智頭町議会に予算請求し、議会の承認を取る手続きを踏んでくれていたのだ。結局、請求は晴れて議会を通り、智頭町が「いざなぎ振興協議会」に対して助成を出すことになった。

そして二〇一四年十二月二十一日、寺谷町長と、「いざなぎ振興協議会」の前川義憲会長（当時）、そしてタルマーリー代表渡邉格の三人が一堂に会し、協定調印式が行われた。なぜだか、タルマーリーの智頭町移転への注目度は高く、テレビや新聞といった山陰のメディア各社が会場に集まり、カメラのフラッシュがパシャパシャと光っていた。この調印式で、智頭町がタルマーリーという企業を誘致し、いざなぎ振興協議会が旧那岐保育園の改装をして貸し出すという段取りが見事に完了した。涙もろいマリは、このときも感激のあまり涙を流していた。

## 困ったときはお互いさまだけぇ

その後も、智頭町の人々が親切に支援してくれるので驚いた。

たとえば、引っ越し。私は無事フォークリフトとクレーンの免許を取得し、さあ自分で操縦するぞ！　と意気込んでいた。いざ、パン用オーブンなどの大型機械をトラックに積み込んで現地に到着してみると、そこには地元の若手林業家、大谷訓大（くにひろ）さんが待ち構えていてくれた。

「俺がやりますよ～。まあ、困ったときはお互いさまだけぇ」

と、クレーンを手慣れた手つきで操縦して、機械を全部降ろしてくれた。

こんなふうに、こちらから頼まなくても当たり前のように協力してくれる地域の人々の様子にびっくりした。

そしてプレゼンテーションに関しても、一度だけにとどまらず、那岐地区全体の住民向け、智頭町全体の住民向けと、何度も機会を設けてくださった。

私たちは智頭町の歴史も、カリスマ町長による特色ある町政についても、何も知らずに移転を決めたのだが、本当に運がよかったとしか言いようがない。智頭には江戸時代から続く宿場町があり、昔から外部の人の出入りがあったため、私たちのような移住者にも寛容な雰囲気があるようだ。また、林業で栄えてきた町なので、物事を長いスパンで考えられる人が多い。

林業家は、自分のおじいさんが植えた木を伐採して生きているので、三世代くらい前と後のことを考えて仕事をしているそうだ。そういう長期的な思考ができるからこそ、私たちの構想する地域内循環についても理解してくれたのではないだろうか。「短い時間で結果を出せ」という昨今の風潮の中で、長いスパンでモノを考えている人が多いのも、林業が盛んな智頭町の魅力かもしれない。

そうして二〇一五年一月から改装工事が始まった。廃園から七年経っていた旧保育園は、大規模な修繕が必要になっていた。屋根、水回りや電気などなど、やるべき工事はこれまでとは規模が違った。このような大工事をすべて自力でやろうと思っていたなんて……。結局、それらの基礎工事はすべて、いざなぎ振興協議会が智頭町の補助金を利用して整備してくれることになった。本当に感謝しかなかった。

## DIYで発酵環境を整える

「『腐る経済』には、古民家じゃなきゃ麴菌は採れないと書いてありましたよね。元保育園の建物は木造ですか？　古民家じゃなくて大丈夫なんですか？」

この質問も何百回と受けてきた。正直、うまくいくかどうかは、やってみないとわからない。その時点では、それしか答えられなかった。

しかし智頭町は九三パーセントが森林、人口は約七〇〇〇人、水も空気もきれいである。これほど私がやりたいモノ作りに適した町はないと思った。

『腐る経済』を書いた時点では古民家でなければならないと思っていたのだが、勝山で麴菌採取を実践し、試行錯誤を繰り返すうちに、建物の中だけではなく、もっと広い周辺の自然環境までを整える必要があるのではないか、と感じるようになってきた。

そのときはうまく言葉にすることはできなかったけれど、古民家でなく木造の元保育園であっても、智頭町那岐の里山環境であれば麹菌が採取できるのではないかという予感はしていた。

ところで、いくら基礎工事をいざなぎ振興協議会が担ってくださることになったとはいえ、すべてを業者にお任せして、私はあとで必要な内装工事だけするというスタンスでいたわけではない。私の性格上、ただ待っているということはできなかったし、自分がずっと現場にいなければならないと感じていた。

家族で住む家が借りられるのは四月からで、それまでは引っ越しできない状況だったので、マリと子どもたちには勝山に留守番していてもらった。そして私は三カ月間ほぼ毎日、マリが作ってくれるおにぎりを持って、車で往復三時間弱をかけ智頭に通って工事に参加した。

工事現場には地元の「檀原設備」が入っていたのだが、プロの皆さんにとっては私のような素人が現場をウロウロしているなんて邪魔で仕方なかったと思う。しかし、社長の檀原充さんはじめ従業員の皆さんはとても気さくで親切にしてくださり、私の行動を見守ってくださった。

あのときは自分でも自分の行動をうまく説明できなかったのだが、今になって思うのは、とにかく自分で発酵環境を整えていきたかったのだと思う。これからここが、野生の菌による発酵の場になるのだ。建材一つひとつ、何がどこにどう使われているのか、自分の目で確かめ、把握しておきたかったのだと思う。

古民家でなくても麹菌は採れると予測していたとはいえ、不安だった。健全な発酵環境を整えるために、建材はできるだけ化学物質を避け、自然素材を選ぶ必要がある。実際、元保育園には石膏（せっこう）ボードなど新建材が多用されていた。そこで私は、できるかぎり石膏ボードを剝（は）がして杉板をはっていったのだが、あまりに大変な作業ですべてを剝がすことはできなかった。なので、剝がせなかったところには、漆喰（しっくい）を塗った。内装はほぼＤＩＹで、杉板や漆喰、ミルクペイントといった自然素材で仕上げた。そして、資材を無駄なく使うように工夫した。床を剝がし、床を支える根太（ねだ）の木材も一本一本くぎを抜いて再利用し、カフェキッチンやトイレの柱や壁に使っていった。

人間やればできるものである。ブロックを積んで壁を作る作業などやったことはなかったけれど、今はネットで検索すれば動画などでやり方を教えてくれるので、私でもできてしまう。

日々作業に追われる中で、倒れてきた木に手を挟んで怪我をしたりもしたけれど、身体を動かしているほうがより幸福感が増した。何もないところに形ができあがってくるおもしろさは、何物にも代えがたい。

自分で小屋を増築し、そこにピザ窯を作ったときの感動は今でも忘れられない。しかしその窯は結局、少しだけ作業に手を抜いたことが原因で、失敗作となってしまった。いざピザを焼いてみると、美味しく焼けない……。一年後にはすべて壊して、煙突だけ再利用してソーセージ用のスモーカーを作った。

こうして二〇一五年四月、めでたく家族みんなで智頭町に引っ越しした。そしてヒカルは「森のようちえん　まるたんぼう」に通い始め、山でたくさんの山菜を採ってきてくれるようになった。田舎のパン屋になって八年目、ようやくマリが憧れていたような、じつに田舎らしい暮らしと子育てが実現したのだった。

# 第2章

# 菌との対話

# 3

# 菌は環境を映す

## 父ちゃんはカビを食べる人

二〇一五年夏。鳥取県智頭町に移り住んで三カ月が経ち、暮らしにもだいぶ慣れてきたある日、台所から子どもたちの呼ぶ声がする。

「うわー！　父ちゃん、来て〜！　これ食べられる〜⁉」

彼らは冷蔵庫に入れっぱなしにしておいたご飯がカビているのを発見したのだ。

「ん？　う〜ん。この緑色の部分は麹菌だけど、他のカビは食べられそうもないな〜」

と答えた。

私は二〇〇八年に「タルマーリー」というパン屋を立ち上げて以降、麹菌採取を成功させるべく、野生の菌たちと触れ合って生きてきた。さまざまなカビを採取し、それが麴菌なのかどうかを判断するために食べてみたりもした。

「うう、これはヤバい、殺意を感じる味だな……」

と味覚で確かめ試行錯誤しながら、そのカビが人間にとって有用なのかどうかを判断する。そういう姿を見てきた子どもたちは、「父ちゃんはカビを食べる人」とおもしろがっている節がある。

私自身、自分がカビを食べるような人生を送るとは思いもしなかった。しかし、カビなどの菌と向き合ってみると、菌の使命感や目的が見えてきて、彼らは私の人生に多大な影響を与えている。だんだんと「菌はけっして嘘をつかない」ということに気づいたおかげで、今では世間の常識よりも菌の言うことを信じるようになっている。

菌にもいろいろあるが、商業的に発酵食品を作る場合、純粋培養したイースト菌を購入して使用するのが一般的だ。しかし私は、野生の菌だけを使う。この仕事を始めるまで、空気中に浮遊している菌たちの存在など考えたこともなかったのだが、伝統的な発酵技術を調べてみると、人間は野生の菌とうまく付き合ってきたことがわかった。そうして私は実際に野生の菌との対話を始め、この世界にのめりこんでいった。

## 野生の麴菌からのメッセージ

読者の皆さんも「天然酵母パン」という言葉には馴染(なじ)みがあると思うが、「麴菌」と聞いてもピンとこないかもしれない。私たちはパン屋なのに、なぜ酵母だけでなく麴菌の採取も必要になるのか、ご説明しよう。

タルマーリーではさまざまな種類の自家製酵母からパンを発酵させているのだが、そのうちの一つに「酒種(さかだね)」がある。これはいわば日本酒であり、日本古来の製法で仕込んだどぶろくのようなもので、この酒種作りに麴菌が欠かせない。酒種は三種類の菌——麴菌、乳酸菌、酵母——の発酵リレーによって作っていくのだが、麴菌はトップ走者であり、米を糖化させる役割を担う。ちなみに麴菌は日本の国を代表する「国菌」に認定されており、古来、甘酒や日本酒、味噌、醬油、みりんといった伝統的な発酵食品に利用されてきた。

二〇一六年、智頭町に移転して二年目の夏。いつものように蒸した米を竹筒に入れてパン工房に置いておき、麴菌が降りてくるのを待つ……という作業を繰り返していた。数日経つと米に緑色のカビがついてきて、よし、麹菌がうまく降りてきたぞ！　と思っても、結局は黒や赤のカビに占領されてしまったりする。

そしてあるとき、時期によっては黒いカビしか降りてこないことに気づいた。その原因を辿ってみると、パン工房の外の環境、つまりこの里山という環境に起きている変化が原因であることが推測できた。

このことに気づいたのは、店を二回も移転してきた経験のおかげである。タルマーリーは二〇〇八年に千葉県いすみ市で起業。二〇一二年に岡山県真庭市へ。そして二〇一五年に鳥取県智頭町に移転した。このように移転を繰り返してきた理由のうち、もっとも大きな要因は、「野生の麹菌を採取できる自然環境を求めたため」である。

菌との暮らしが深まっていくと、彼らの動きや喜びがわかるようになってくる。そして発酵菌をうまく呼び寄せるためには、彼らが喜ぶ自然環境を整えることが必要だと感じ始めた。以前はパン工房内の環境にしか関心がなかった私に、菌たちは、

「パン工房の外のことも考えてよ！」

というメッセージを送ってきた。そして、

「世界全体を、あるがままの姿で捉えたほうがいいよ」

と語りかけてきたのである。

## 人間と酵母で環境を整える

智頭町に引っ越し、旧那岐保育園の工事にもめどが立ってきて、さあいよいよ菌の採取にとりかかる。はたして本当にここで発酵菌が採れるのだろうか？

タルマーリーでは現在、五種類の自家製酵母を使ってパンを焼いている。

・ビール酵母
・レーズン酵母
・全粒粉酵母
・ホワイトサワー
・酒種

これらを作るときに空気中から採取する野生の菌は主に三種類、酵母、乳酸菌、麹

菌である。そしてこれまでの経験上、採取における難易度は、

酵母＜乳酸菌＜麹菌

となる。つまり、五種類の自家製酵母の中で、作るのが一番大変なのは酒種である。なぜなら麹菌が関わってくるからだ。

一番採取が難しい麹菌は、非常にクリアな環境でないと採取できないから、いわばＶＩＰ対応が必要だ。彼らが望む最高の食事（自然栽培米）、澄み切った空気と自然環境、そして最適な温度と湿度になる季節など、ＶＩＰが快適に過ごせる条件をすべて整えてやらなければならない。

さて、パン工房の改装も終わり、いよいよパンの試作を始めようと、まずは一番簡単な酵母の採取からとりかかる。水とレーズンを入れた瓶を数日置いておく、または小麦全粒粉を水と混ぜたものを数日置いておくと、普通はブクブクと発酵してくる。

ところがこの新しい工房は、酵母すらうまく採れないという最悪の環境だった。いつも簡単に発酵していたレーズン酵母にもカビが入ってしまう。店を立ち上げるたびに思うのだが、新しい環境は最初から発酵に適しているわけではなく、人間と酵母で環境を整えていく必要がある。

仕方がないので、採取できた酵母液を培養して、霧吹きで工房の中に撒(ま)きまくって

みた。そんなことをして一カ月くらい、少しずつ「場」が良くなってきて、なんとか酵母は安定的に採取できるようになった。

ちなみに、乳酸菌は最初から問題なく採取できた。

そして一番の難関、麴菌にとりかかる。はたしてこんな状況で採れるのだろうか？

## いざ、麴菌採取

麴菌の採取方法はごくシンプルである。竹を割った皿に蒸した米を盛り、それを数日置いて、カビが降りてくるのを待つだけである。わかりやすいイメージをあげると、たとえば田舎で夏の夜に、スイカやメロンの皮を置いておくと、山からカブトムシやクワガタが飛んでくる。しかし都会で同じことをやると、ゴキブリやカナブンがやってくる。これと同じようなものである。

麴菌採取で気を付けるべきことは、餌（えさ）となる米の質だ。麴菌に降りてきてほしいのなら、無肥料無農薬で栽培した自然栽培米を使う必要がある。肥料や農薬を多投して栽培した米を使うと、他の腐敗菌が降りてきやすくなるのだ。

また、夜温が二〇度を下回るような時期には麴菌は降りてきにくいようだ。よって智頭町の場合は七月半ば～九月半ばの期間、三～五日に一度、蒸した米を仕込む作業をひたすらに繰り返す。経験上、九月初旬の稲刈り時期に空気中の麴菌が増えるようで、一番採取しやすい。

前述のとおり、岡山で営業していたときまでは、麴菌採取に必要な環境は古民家だと思っていた。そしてこのたび初めて、木材や土壁といった自然素材でできている古民家ではない、元保育園という木造建築で麴菌採取に挑む。

できるだけ環境に配慮した内装を仕上げたつもりだが、結局、古民家の環境とは違いすぎる。これで本当に麴菌が採取できるのか……。

しかし私は「パン工房の外の自然環境こそが大事なのではないのか⁉」という菌たちからのメッセージを感じていたからこそ、この智頭に移転してきたのだ。きっと建物の中だけではなく、もっと広い周辺の自然環境を整える必要があるからこそ、人口最少県の中山間地、町の面積の九三パーセントが森林の鳥取県智頭町に移転した。勝山では移転したその年に採取できたけれど、智頭ではさすがに成功するまでには年数がかかるだろうと、あまり期待をしないで採取に取り掛かった。

ところがなんと移転したばかりの二〇一五年八月三十一日に、きれいな麹菌が採取できた！　それを早速、検査機関に送ってＤＮＡ検査をしてもらうと、四種類の麹菌が同じ割合で存在しているという結果が出た。

やはり建物内の環境だけが問題なのでなく、きれいな里山環境があるからこそ麹菌が採取できるのだと思い、本当にうれしかった。早速この麹で酒種を作ってみると、今までにないなんともすっきりクリアな味がした。

「これこそが智頭町ならではの麹の味だね」

と、ここまで一緒に辿り着いたマリと、成功を喜びあった。

しかしホッとしたのも束(つか)の間、この成功のあと、じつは二〇一九年までの三年間は麹菌採取がうまくできなかったのである。二〇一六年、二〇一七年はすべて、麹菌以外のカビが混入してしまった。そして二〇一八年は忙しすぎて五～六回しか仕込むことができなかったし、他のカビが混入してしまった。よってこれまでずっと、最初の二〇一五年産の麹菌を冷凍したものを種麹として使っていたが、今年二〇二〇年にはこれがなくなってしまう予定だった。

ただ、二〇一九年八月半ばに一度、きれいに麹菌採取ができた。それを今年になってから、鳥取大学農学部の児玉基一朗(もといちろう)教授にＤＮＡ検査をしていただいたところ、正真正銘の麴菌だとわかった。これでどうにか種麴が途絶えることなく採取できて、心からホッとした。

## 灰色のカビと黒いカビ

それにしても、どうしてこんなに麴菌の採取は難しいのだろうか。日本では室町時代から種麴を独占的に製造・販売する麴屋が存在したというが、田舎では民間でも野生の麴菌を自家採取していたようだ。

岡山に移転した頃、九十歳代のおばあさんに麴の話をしたら、「ああ、そうそう、米をカビさせてね。それで甘酒なんか作ってたね」と昔を懐かしんで話してくれた。このおばあさんが麴を採取していた時代も、こんなに難しい技だったのだろうか。

現代の智頭町では、蒸し米を置いておくと、あるときは黒いカビ、あるときは灰色のカビ、またあるときは青カビが降りてくる。緑の麴菌だけが降りてくるのは空気が澄んできれいなときだけなのだが、そんなときは一年に一〜二日訪れるかどうかである。では麴菌以外のカビが降りてきてしまう原因はなんなのか。私はこの五年間ずっと観察を続けてきた。とくに二〇一七年は七月半ばから九月半ばの二カ月間に合計三三回の蒸米を置いて、麴が降りてくる様子を写真におさめた（巻頭口絵の二頁参照）。たとえば灰色のカビが降りてくるのは八月のお盆休みの頃である。どうやらこれは大勢の来客によって増える車の排気ガスが原因のようだ。

また黒いカビが降りてくるのは農薬の空中散布のあとである。この地域に広がる田んぼでは夏に二回ほど、ヘリコプターでの農薬散布が行われる。それまでせっかくきれいな緑の麴菌が降りてきていても、空中散布後十日間ほどは黒カビが降りてくるようになる。

一見空気がきれいに見える里山でも、実際にはさまざまな化学物質が存在している。そうすると大気中にはその汚染状態に応じたカビが増える。目に見えないので意識しにくいが、私たちはもっと空気中の物質構成や菌の生態系の変化に気を配ったほうがいいと思う。

田舎では戦後からずっと、地元雇用を拡大する目的もあって化学や機械や原発といった大規模な工場を誘致してきたけれど、工場から出る排煙や排水は貴重な自然環境を汚染しているのではないだろうか。目に見えない菌の世界には確実に大きな影響がありそれはもちろん私たち人間の身心にも関わってくる問題だろう。

## 人間の負の感情が青カビを生む？

そして極めつきは青カビである。「オカルトっぽくて怪しい」と言われそうだが、青カビはたいてい、働く人々の心身が疲れているとき多く出るように思う。いわば「タルマーリー都市伝説」的な現象なのだが、「タルマーリーを辞めたい」と思っているスタッフがいるときは、麴菌ではなく青カビが出るのだ。

秋にスタッフから辞表をもらうと、九月初旬に大量の青カビが発生して麴菌採取ができなかった原因に気づく。ああ、あの時期に「辞めたい」と思っていたのだな……。智頭に移転して、麴を採取できなかった年の出来事だ。

岡山時代には、デリケートな麴菌だけではなく、けっこうタフな酵母でも、都市伝説的な経験をしたことがある。あるとき、どうやらパン生地に納豆菌が入り、デロデロに溶けてパンが焼けなくなってしまった。いろいろ探っても原因がなかなかわからなかったのだが、一カ月後にやっと、そのパン生地を作っていたスタッフが恋愛で悩んでいたことが発覚した。

あるいはこんなこともあった。賄い担当のスタッフが、翌朝に炊く米を研ぐのを忘れて帰ったので呼び戻すと、

「僕もうタルマーリーを辞めます」

と言った。そんな暗い気持ちを抱え、彼はふてくされながら米を研いで帰った。次の日はバタバタ忙しくて、夕方になって米を炊いて鍋のふたをとると、嫌な臭いがした。まだ暑くもない時期なのにビックリした。

ところでこれも岡山県で聞いた話だが、昔から「からし漬け」は怒りながら漬けるのだという。そうするとより辛く漬かるからだそうだ。漬物もまさに発酵文化である。こうしてモノ作りに人間の感情が投影される現象は、考えてみれば昔から当たり前のことなのかもしれない。

私にはただ起きてしまった事実しか言えないし、専門家に科学的証明をしてもらったわけでもない。しかし菌とともに生活していると、不思議な出来事がよく起こる。菌の世界から見ると、人間の作り上げてきた常識が本当に正しいのかどうか、ちょっとわからなくなってくる。

「人間よ、もう少し時間に余裕を持て」と菌がいつも言っている気がするから、タルマーリーは開業から一貫して冬に一カ月の有給休暇をとるようにしている。

## コロナの影響？

今年二〇二〇年の麹菌採取は、今までの経験が通用しないような未経験の現象が多くみられた。なんと二回目の仕込みからきれいに麹菌が採取できたのだ。これまでは黒いカビや赤いカビ、灰色のカビが入ると麹菌はほとんど見えなくなっていたのだが、今年は農薬の空中散布のあとだろうが、お盆にたくさん車が来ようが、麹菌に少し変なカビが混じるくらいだった。つまり今年は仕込むたびに、いつもより麹菌の割合が格段に多かったのだ。

なぜ今年はこのような現象が起きたのか。

「コロナの影響ではないですか？」

と、パン製造チーフの境晋太郎に言われてハッとした。

たしかに今年の初めからCOVID-19の感染拡大の影響で、タルマーリーの集客は昨年の半分に減った。世界的に飛行機は飛ばなくなったし、工場も休業になり、人間の経済活動が劇的に減った。

麹菌が、「タルマーリーよ、もっと大きな視点を持て！」と言っているようだ。いつもと明らかに違う、麹菌がきれいに降りてくる環境が整った原因がCOVID-19による経済活動の停滞であるとするならば、小さい地域の範囲ばかりを見ていた自分の浅はかさを思い知る。「世界中の人間活動が、あなたの周りの環境に影響しているのだよ」という麹菌の声が聴こえてくるようだ。

麹菌採取を始めて十二年になるが、麹菌に影響する自然環境について、私の意識は古民家の室内から地域環境へと少しずつ大きな枠組みへ向かい、COVID-19という世界的変化によってさらに大きく視野を広げる必要を知った。

このことで、自分のわかる範囲内で答えを出そうとしていたことに気づかされた。私は複雑に絡み合う関係性を考えることが面倒になって、いつしか「麹菌の採取には古民家が必要だ」と定義づけてしまっていたのだ。麹菌を取り巻く世界はいつも変化しているというのに……。この定義によって変化しない思考を自分に植え付けていた。

自然は常に変化する。菌という自然の代弁者と対話することで、いつも変化していく自分を受け入れることができれば、複雑に絡み合う大きな枠組みである現実世界と、自分の思考とのズレを小さくすることができるのではないだろうか。

これについては、後ほどあらためて考えてみたい。

# TALMARY の地域内循環図

地域の全体を見て考える。

あれもできる。これもできる。

手元だけを見て考えてしまう。

あれもできない。これもできない。

野生の菌

自家採取

米

麹

酒種

山
森
木材
薪
川
自然栽培
無肥料
無農薬
ビール
ホップ
ピザ
製粉機
パン
大麦
ライ麦
小麦粉
小麦

# 4

# 「タルマーリー式長時間低温発酵法」

## 苦しくなるパン作り

二〇一五年六月、智頭の店はとりあえずカフェの営業からスタートした。パンとビールの製造はまだ準備中で間に合わなかった。とにかく、タルマーリーの看板であるパンの製造を一日も早く再開せねばと気が焦る一方で、「パン作りにビール酵母を使うと何かが大きく変わるぞ」という予感がしていた。

「マリ、とりあえず、パンのレシピを全部変えてみようと思うんだよね」

と私が言うと、マリは、

「ふーん。なんだかよくわからないけど、イタルが好きなようにしたら」

と言った。

ここで常識的な人であれば、

「いきなりレシピを変えてパンの味が変わっちゃったら、以前からのタルマーリーファンのお客さんが残念がるんじゃない?」

と心配するんだろうけれど。結婚して十二年、タルマーリーを始めて七年、その間に二回移転。ずっと夫婦で一緒にやってきて、不可解な行動ばかりの夫の扱いにも、さすがにマリはだいぶ慣れている。

その一年くらい前から、私はビール酵母を使ったパンに挑戦し始めていた。その製造過程で、「もしかしたらビール酵母がパン作りを楽にするカギになるかもしれない」と直観的に気づいていたのだけれど、その頃はまだ理論的に説明できる状態でもなかった。

伝統的なパンの製法は手間暇かかるし、はっきり言って重労働である。そして真面目なパン屋さんほど、自家製酵母だけで実直に作っているけれど、いつも疲れている……。そんな疲れた様子のパン屋さんに出会うたびに私は、どうにかもっと楽になる製法はないものかと考えるようになった。正直、一番疲れていたのは自分だったかもしれないけれど。

パン職人になる前のイメージでは、モノ作りというものは経験を積めば積むほどに技術が上がり、楽になるものだと思っていた。それは学生の頃に読んだ『わら一本の革命』（福岡正信、春秋社）の印象が強かったからだと思う。

福岡正信さんは、いろんな野菜や果物の種を泥と混ぜて作った「粘土団子」なるものを、その辺の野っ原にポイポイと投げて撒き、あとは放っておいて、そのうちに勝手にできる野菜や果物を収穫するだけという驚きの農法を実践していた。面倒臭がりで勤勉に働くのが嫌いな私は、福岡さんの自然農法に心奪われた。

しかし農産物流通の会社に就職して全国の農家をまわるようになると、仕事で接するのは有機ＪＡＳ認証を受けている専業農家が多かった。それもあって、その頃は「自然農法が通用するほど現実は甘くなく、化学肥料や農薬には頼らずに自然と折り合う有機農業こそ理想的な農法だ」と思うようになった。

それからパン屋になって自然栽培（無肥料無農薬栽培）という農法とその素材の素晴らしさを知り、また福岡さんのことを思い出した。岡山県に移転後、牛蒡（ごぼう）を中心に自然栽培を実践している反田孝之（はんだたかゆき）さんという島根県の農家と出会い、畑を見学させてもらう機会に恵まれた。反田さんの畑はとてもきれいで、芸術的とさえ感じた。

反田さんはなんと一七ヘクタールもの広大な農地を夫婦二人だけできれいに保っている。それは相当な労力が必要だろうと想像するが、反田さんは、「無肥料無農薬栽培を長年続けて土がよくなると、田畑は管理しやすくなって、毎年よりよくなっている」と教えてくれた。

一方で私は智頭に移転する前まで、パン作りをやればやるほど苦しくなっていた。なぜだろう？　苦しくなるパン作りは、どこかに間違いがあるのではないか？　私がめざしているのは、やればやるほど楽になる、楽になるのに比例して労働の楽しみも大きくなる、そんなモノ作りではなかったか。私も反田さんと同じように、野生の菌や素材の力を最大限に引き出すことで、ゆったりと楽しいパン作りができるようになりたい。

## 「和食パン」というヒント

そんな思いを抱えていたときに、ビール酵母でパン作りを始めてみると、何か良い感じがした。そしてモノ作りの方向性とやるべきことが見えた気がしたのだ。パンは麦で作るモノだから、麦に群がってきた酵母、つまりビール酵母との相性が良いのだろうか。

　日本を含め東アジアの稲作地帯では、米のデンプンを糖に変えるために麹菌などのカビが持つ酵素を利用してきた。私はこの米と麹菌を利用して醸す酒種を小麦粉に混ぜて発酵させパンを作ってきたのだが、しかし麦で作るパンとは何か相性が合わないというか、ぶつかる気がしていた。酒種に含まれるたんぱく質分解酵素によってパン生地のグルテン（タンパク質）が破壊され、パンが膨らまずに失敗するという現象がよく起きていたからだ。

　一方で、ヨーロッパなど麦を栽培する地帯では、麦のデンプンを糖に変えるために麦芽の酵素を利用して、ビールやウィスキー、水飴などを作ってきた。麦の栽培に適した地域で生まれたパンには、その地域で育まれてきたビールの酵母を利用したほうが、発酵具合が良いのかもしれない……。

　一般的なパン製造工程は、下記のとおりに進む。

ミキシング（生地を作る）→一次発酵→分割→成形→二次発酵→焼成

さらにタルマーリーでは、ミキシングの前に、酵母作りと酵母の調整、そして小麦の製粉も必要になる。この中でもとくに気を遣うのが酵母の調整だ。酵母が一番良い発酵状態になったときとミキシングのタイミングを合わせなければならない。自家製酵母のパン屋さんは、毎日この緊張感ある作業をやらなければならないから、とても疲れているのだ。

実際、勝山でパンを作り始めたときには、一日に九種類の生地を七時間くらいかけてミキシングしていた。ずっと中腰の体勢でミキサーに向かって七時間、身を削(けず)るような苦しい作業だ。

何日分かの生地をまとめてミキシングしたいと思っても、教科書にはこう書いてある。パン生地を冷蔵庫で一日以上おくと、酵母が環境変化と糖分不足で死んでしまい、その後は発酵せずにパンが作れなくなる。それがパン業界における常識だった。

そして私がその強固な常識を打ち破ったきっかけは、「和食パン」だった。『腐る経済』にも書いたタルマーリーのヒット商品「和食パン」。千葉時代に生み出したパンで、炊いたご飯を練りこみ、酒種をふんだんに使って発酵させる。もちもちした食感と酒種のコクと香り豊かな和食パンは大人気だったのだが、智頭に移転してからは製造できていいない。

なぜかというと、大変手間がかかり製造に手が回らないためである。酒種を仕込むだけでも手間がかかるが、その酒種を大量に使い、中種（本仕込みをする前に、炊いたご飯と酒種を混ぜて先に発酵させたもの）を作って調整するのに半日かかり、生地を作ると数時間で発酵してしまうという厄介なパンなのである。千葉時代には小規模だったし、まだスタッフも少なくて、私が気合で作っていたのだけれど、今の智頭の規模では和食パンを作れずにいる。

岡山に移転した当時、この和食パンをできるだけ製造しやすくするために工夫を重ねた結果、低い温度でミキシングして仕上げた生地を冷蔵し、翌朝に焼けるようになった。その頃ふとひらめいた。冷やした生地をさらにもう一日冷蔵してからでも焼けるのではないか？　早速試してみると、うまく焼けた。

さて、酒種の生地が二日冷蔵できるのであれば、レーズン酵母はどうだろう？　早速実験してみると、成功した！　すべてのパンというわけではなく、そのときはレーズン酵母を使ったレーズンブレッドとイチジクとカシューナッツのパン、そしてビール酵母のバゲットが二日間の冷蔵に耐える生地になった。

二日分の生地を作ったら、翌日パンにする分はホイロ（パンを発酵させる温度調節可能な機械）に入れて発酵させる。翌々日の分は冷蔵庫にしまい、焼く前の日からホイロに入れて発酵させてパンを焼く。このようにパン生地を作る頻度が、毎日から二日に一回に減ったことで、私たちパン職人の心身はかなり楽になった。

しかしもっと長く冷蔵庫においておけたら、さらに生地作りの頻度が少なくなって労働が楽になる。私はそのために実験を続けた。

## 夢の製法、誕生

パンに使うビール酵母とは、ビールの一次発酵の結果に生まれる澱のことで、ここにたくさんの酵母が含まれている。この澱を小麦粉と練って発酵させ、パンにするのだ。ちなみにこの澱は飲用のビールの味を汚してしまうので、通常のビール工場では廃棄したり、乾燥させてビール酵母錠剤として販売したりしている。

勝山では飲用のビールではなく、あくまでもパンに使うビール酵母を作る目的で、台所の寸胴鍋(ずんどうなべ)で麦芽とホップを煮てビールを仕込んでいた。しかし台所レベルでは仕込み量は二〇リットルが限界だし、けっこうな手間がかかっていた。

というわけでビール酵母を少量しか生産できないから、それを使ったパンもそんなにたくさん作れない。一日に製造できるビール酵母のパンは少量だけれど、一回に仕込むパン生地の量が少なすぎると業務用ミキサーでは捏ねることができないというジレンマに陥った。かといって手で捏ねるのは大変な労力がかかる……。

結局、ミキサーを使うためには三日分の生地をまとめて作らざるをえなかったことが功を奏し、ビール酵母を使ったパン生地は冷蔵庫に入れて三日目でもパンになり、味も安定していることに気づいたのだ。

そうして智頭へ移転して、晴れて酒造免許を取得し、ビール工房を整備した。もちろんそれは飲用のビールを醸造販売するためなのだけれど、この工房のおかげでパン用のビール酵母が大量に確保できるようになった。そしてじつはこのことにこそ大きな意味があったのだ。このビール酵母をパンに活用しない手はない。そうして私はパンのレシピをガラッと変え、すべてのパンにビール酵母を使ってみた。

そして試作の結果、なんとミキシング作業の頻度が、一週間に一回で済む製法を開発することができた！　つまり、冷蔵庫に一週間寝かせておいても酵母が生きていて、焼く前日にホイロで発酵させてパンを焼ける、という夢の製法ができたのである。

名付けて「タルマーリー式長時間低温発酵法」！！！

具体的なパン製造スケジュールを説明すると、現在のタルマーリーでは週五日、木・金・土・日・月曜にパンを焼く。その五日分のパン生地は月曜日にすべてまとめてミキシングをして作り、焼く日ごとに生地を取り分けて、冷蔵庫に寝かす。そして焼く前日に冷蔵庫から取り出し、ホイロで発酵させて焼く……という製法だ。

しかもタルマーリーで実現した製法は、化学物質や菌の純粋培養技術に頼ることなく、砂糖、卵、バター、牛乳といった副材料も使わず、すべて自然法則に従って編み出したのだから、喜びもひとしおだ。さらにはビール酵母を使うと、以前よりも柔らかく食べやすいパンができたのだ。

いずれにしてもこれは画期的なイノベーションであり、タルマーリーのパン作りはビールのおかげで圧倒的に楽になった！　ということを皆さんにも理解してほしい。

そしてこれは、

「野生の菌は人間の思うとおりに仕事をしてくれないので、生産性が悪い」

という世の中の常識を覆した大事件だ。

「私が今までマイナスに捉えていたものが、じつはすべてプラスだったじゃないか！」

という大きな発想転換の瞬間だった。

## コラム

### 「タルマーリー式長時間低温発酵法」はなぜ可能なのか？

#### ビール酵母でなくてもできる？

「タルマーリー式長時間低温発酵法」によってパン作りはぐっと楽になるので、パン作りに携わる全国の皆さんにも実験してほしいのだけれど、それにしても、どうしてビール酵母を入れたパン生地は一週間冷蔵しても酵母が死なず、その後に温度を上げるときちんと発酵するのだろうか？

タルマーリーではそれがビール酵母（澱）に含まれる麦芽酵素のおかげで成り立っていると思いこんで、ここ五年間パンを作ってきた。つまり、ビール原料の麦芽に含まれる糖化酵素がパン生地中の小麦粉のデンプンを随時糖化するので、酵母が食べる糖分は常に補給されているのだと考えていた。けれどよく考えたら、麦芽に含まれる糖化酵素は、麦芽とホップを煮て麦汁を仕込むときに高温で失活しているはずである。

今回この本を執筆するにあたり、「タルマーリー式長時間低温発酵法」が成り立っている理由が本当にビール酵母にあるのかどうかを突き止めるために、二つの実験をしてみた。

一つめの実験は、下記二つのパターンでパン生地を仕込んだ。

A　ビール酵母とレーズン酵母を併用して発酵させるバゲット

B　レーズン酵母のみで発酵させるバゲット

このABそれぞれのパン生地を、冷蔵庫で一週間、二週間、三週間とおいてから、パンを焼けるかどうかを調べた。

結果は、AもBも、一～三週間冷蔵させたあとのすべてのケースで、遜色（そんしょく）ないパンが焼きあがった。ビール酵母を入れずにレーズン酵母だけでも「タルマーリー式長時間低温発酵法」は成功してしまったのだ。ではビール酵母は必要ないのか？　仮にレーズン酵母だけで「タルマーリー式長時間低温発酵法」が可能なら、この製法はもっと世の中に広がっていいはずだ。

二つめの実験は、材料の小麦粉の質について調べるために行った。前述のとおり、タルマーリーでは自前の製粉機で挽き立ての小麦粉を配合してパンを作っている。この挽き立ての小麦粉に含まれる酵素のおかげで「タルマーリー式長時間低温発酵法」が可能になっているのかもしれない。その仮定のもとで、下記の四つのパターンでパン生地を仕込んだ。

Ⅰ　レーズン酵母のみ使用の場合
Ⅱ　ビール酵母とレーズン酵母を併用する場合

それぞれにおいて、

ア　自家製粉した小麦を配合したパン生地
イ　製粉会社から仕入れた小麦粉だけを使ったパン生地

先の実験と同様に、一〜三週間冷蔵させたあとにパンを焼けるかどうかを比較してみると、またすべてのパターンにおいて、遜色ないパンが焼きあがった……。

この実験結果にはほとほと困った。「タルマーリー式長時間低温発酵法」が成り立つ要因がビール酵母だと思っていたのだけれど、そうではなかった。しかも小麦由来の酵素でもないとは、訳がわからなくなってしまった。もしもどのような条件でも成り立つのであれば、なぜ以前は毎日ミキシングする必要があったのだろうか？　コロンブスの卵のように、初めから簡単にできたはずの当たり前のことを、私があとになって発見しただけなのか？

## タルマーリーのビール酵母は死なない？

そして、タルマーリーではビールの澱をパン用酵母として使うと同時に、ビール用酵母としても使うのだが、ビール作りでも特殊な現象が起きていることがわかった。私にとっては不思議でもなんでもなく当たり前のことだったのだが、税務署の酒税担当者と話していて、初めて気づいたのだ。

「タルマーリーさんでは市販の酵母を買わないで、どうやって醸造しているのですか？」

と問われたので、

「ビールの澱を酵母として使っていますが」

と答えると、その担当者はとても驚いた様子だった。

「ビールの澱を永遠に繰り返し酵母として使っているということですか？　そんなことができているのですか？　他の醸造所では、市販のイーストを仕込みのたびに新しく使うか、澱を繰り返し使ったとしても数回で酵母は死んでしまうはずなんですけれど……」

タルマーリーのビール作りでは、大きなタンクで一次発酵が終わったあと、一〇~三〇リットルの小さなタンクに移して冷蔵庫に入れ、熟成期間をとる。大きなタンクから小さなタンクに移すときに、澱は五リットルタンクに入れてとっておき、次のビールを新しく仕込むときに酵母として投入する。もちろん、他の酵母は一切添加しないのだけれど、それでも毎回きちんと発酵している。

もう少し詳しく説明すると、タルマーリーではビールの銘柄ごとに違う自家製酵母を使っている。たとえば柿、キウイ、小麦、レーズン、ドライイチジクなどから採った自家製酵母を商品ごとに使い分けているのだ。そうすると、あまり頻繁に仕込まない銘柄の酵母は半年も冷蔵庫に入れっぱなしになるので、久しぶりに仕込むときには、

「五リットルタンクの中で、餌も与えない環境で、ちゃんと生きているのだろうか?」とさすがに不安になる。

ところが麦汁に投入すると次の日には元気に発酵してブクブクと泡を出し始める。半年も冷蔵庫で生き残っていた酵母が、ちゃんとアルコール発酵を

する。つまり糖を分解してアルコールと二酸化炭素を出し始めるのだ。

私がビール醸造を始めたのは二〇一七年秋だが、そのときに起こした自家製酵母を今までじつに三年以上、このようにずっと繰り返し使い続けている。

そしてパンに使う他の野生酵母たちも、ある程度放っておいても死なない。だから年に一度、冬に四週間のバカンスを取ることができる。バカンスに入るときは酵母を冷凍すれば、また再開するときに解凍して使えるのだ。

### 菌の自然選抜

この実験結果の理由をどう考えたらよいものか、もうこうなると専門家に聞いてみないとわからない。というわけで、以前に麴菌のDNA検査でお世話になった鳥取大学農学部の児玉基一朗教授に相談に行ってみた。

タルマーリーのパンとビール作りの現場で起きている一連の現象についてお話しすると、児玉先生はこう教えてくれた。

「ビールの酵母が永遠に死なないで繰り返し発酵に使えるとは……本当ですか？　といっても、実際にタルマーリーさんではそういうことができているのですものね。そしてパン生地を数週間冷蔵庫に入れても酵母が死なないということは……。

一つ考えられるのは、タルマーリーさんでパン作りを繰り返すうちに、低温や飢餓状態でも生きていける酵母が選抜されたのかもしれませんね。いわば燃費のいい酵母と言いますか、数週間冷蔵庫で寝かせている間も、パン生地の中の少ない糖分を利用して生き残ることができる酵母が自然に選抜された、というのが、一番可能性が高いのではないでしょうか。ただ、わからないことも多いです。とても興味深いお話なので、よろしければ今後一緒に調べさせていただきたいですね」

たしかに、それで納得がいく。低温や飢餓状態でも生きていける酵母とは、なんともサバイバルなタルマーリーらしい酵母だ。レーズン酵母とビール酵母を厳しい環境下でつないでいくうちに、生命力の強い酵母が自然に選抜されていったのかもしれない。

「タルマーリー式長時間低温発酵法」ができている要因は、児玉先生のおっしゃるとおり、タルマーリーで何年も培養してきた菌の性質のおかげなのかもしれないけれど、単純に菌だけに要因を見出すのは、なんだかもったいないような気もする。

もちろん菌の性質も要因の一つだろうけれど、スタッフの努力や技術もあるだろうし、智頭の水や空気の清らかさといった自然環境や、自家製粉の小麦粉を配合することなど、さまざまな要因が複雑に関わって生まれた製法なのかもしれない。今の時点では明確に解明できていないが、この製法に興味をもった全国のパン職人たちとともに、これから証明していくことにしよう。

それにしても、もし教科書どおりの科学技術だけを信じて行動していたら、このようなイノベーションは起こらなかった。単純な因果関係で正解を出そうとする「科学」を信奉しがちな現代の私たちは、自然の素材一つひとつの潜在能力を最大限引き出すチャンスを、自ら失っているのかもしれない。

# 5 発酵縁起論

## 「お粥試し」

二〇一六年の熊本地震のときに話題になったことで初めて知ったのだが、佐賀県みやき町の千栗八幡宮(ちりくはちまんぐう)では「お粥試し(かゆだめし)」という神事が千二百年以上も続いているのだという。熊本地震をズバリ予見していたということの「お粥試し」とは、こんな方法の占いである。

「毎年二月二十六日に厳選した一升六合の米を一斗(一八リットル)の水で炊いたお粥を銅製の神器に盛り、箸を十文字に渡し東西南北に分け、筑前、筑後、肥前、肥後の四か国に国分けをして、神殿の中で保管します。

三月十四日にお粥開きを行い、カビの生え具合から、一年間の天候や農作物の出来具合、その他地震・台風等の吉凶などを占います」

こ、これは！　米につくカビの状態を観察して、それを取り巻く環境変化を見極めるって、まさに私が実践している麹菌採取と同じではないか⁉

「えー、私たちがやっていることと同じだ！　これが神事として大昔から行われていたなんて……すごいね！」

と、マリと一緒に大興奮したのだった。

この神事も、自然環境の変化に加えて、もしかしたらその地域に広がっている〃気〃のようなものを、カビを通して見ているのかもしれない。

この「お粥試し」に感激した私たちだったが、すかさずマリが突っこんだ。

「でもこのお粥試しで使っているお米の栽培ってどうなのかな？　無肥料無農薬栽培なのかな？」

うむ、たしかに実際のところどうなんだろう。

周囲の環境だけでなく、使う米の栽培方法によってもカビの種類が変わってくるから、やはり占いの結果にも影響するように思う。

## 農業近代化の影響

日本で急激に工業化が進んで自然界に化学物質が増えていった時代に、麹作りの変化を経験した方がいる。昭和二十五年（一九五〇年）に岡山県総社市で「まるみ麹本店」を創業し、麹と味噌を作り続けてきた山辺光男さんの著書『麹と対話』には、こう記述されている。

「昭和三十年から四十年代にかけて普及した省力化、機械化による近代農法への変化が、私の仕事の麹づくりにものすごく影響してきました」

岡山県では水島コンビナートが建設され、農家から工業へ多くの人手が駆り出されるようになった。それまでの稲作は農耕用の牛を使い、家族総出で草取りや稲刈りをし、稲は天日干しだった。しかし農家の人々も現金収入を求め、平日はコンビナートへ勤め、農作業は週末だけ行うようになったため、同時に普及した農業機械や化学肥料、除草剤で農作業を省力化していくのは自然な流れだった。

しかし化学肥料で土壌の酸化が進み、牛を使っていた頃にはいなかった害虫が増えたために農薬散布が必要になる。そして農薬散布の回数はだんだん増え、農薬が効かなくなると次々に新しい農薬が使われるようになった。

また、地域による米の品質にも変化があらわれた。岡山県産の米の品質を海側の倉敷方面と北部山間部で比べると、農業近代化以前は倉敷方面の米のほうが良質で、良い麹ができていた。しかし倉敷方面の米がだんだん変わり、良い麹ができなくなった一方で、山間部の米には変化がなかった。

「そのうち、昔からの農法で米づくりをしていた北部地方の棚田でも次第に牛の姿が見えなくなり、化学肥料・農薬中心の農法に変わり、天日乾燥もしなくなり、栽培方法が全く変わってしまいました。

こうなりますと、いよいよどちらの米を使っても昔のような良い麹はできなくなってしまいました。その結果、私には、麹づくりがうまくいかない原因が米の栽培方法であると、はっきり分かったのです」

これを読んで私は、自分の麹菌採取の経験にも共通すると思った。先述したとおり、肥料を多投して栽培された米には麹菌以外のカビが出やすい傾向があった。山辺さんの経験は、農業近代化によって化学肥料が多投されるようになったことで米が窒素過多になったため、麹作りの過程で腐敗菌が入るようになってしまった、ということではないだろうか。その当時に使っていた種麹は、昔ながらの製法で醸された野生に近い麹だったのではないかと思う。

## 菌の純粋培養

このように農業近代化によって米の質が低下していく一方で、日本の醸造業界では機械化による大量生産方法への転換が進み、機械生産に適した麹や酵母の純粋培養技術が研究されていった。一九七五年、「日本醸造協會雑誌」に掲載された論文「種麹」（松山正宣）を読むと、一九五八年に機械製麹の基礎的研究が報告され、一九六九年に機械製麹に適する麹菌の研究が開始されたと記述されている。

「醸造界全般に機械麹は省力化という点、麹の均一化ということから行渡ったが、機械メーカーは各種の製麹機を考案し、ここに機械製麹に適する麹菌という菌株選択がはじまった」

機械製麹が始まる前の伝統的な麹作りでは、木製の小さな麹蓋（こうじぶた）を使い、職人が昼夜の別なく温度や湿度を管理しながら手を入れる必要があった。一方で機械製麴では工場の作業時間帯に合わせるため三十時間前後で管理できる麴菌の菌株選択が必要になったという。

また、自然界の麴菌で醸造した日本酒は褐色になるが、無色透明で淡麗な日本酒を醸造するために、麴菌に紫外線照射して人工変異を起こし、褐色を発生しないような麴菌が開発され、一九七四年からこれを使用した清酒醸造が始まったという。

このような純粋培養菌の開発が進むとともに、純粋培養菌以外の菌はすべて排除する方向性がとられた。

「麴の粘るのは細菌によることが報告されて以来、（中略）蔵内から稲わらの追放が実施された。

種麴の製造では麴蓋の使用に当り、合せ蓋をするか、または蓋の上にわらごもを清水に濡らして掛け、原料米の保湿をはかっていたが、早くよりこれを廃止し、綿布を応用し、殺菌を完全にした布蓋に切りかえて今日に至っている」

このように、農業近代化による麴作りへの悪影響は、菌の純粋培養という科学技術によって払拭（ふっしょく）された。つまり徹底した因果関係の追究によって菌そのものが改良された。どのような環境であっても、どのような材料を使っても、失敗なく大量生産できるように発達した菌の純粋培養技術は、醸造業者にとって素晴らしい発明だった。しかし一方で、野生の菌を通して自然界とコミュニケーションをとっていた職人たちの技は失われていった。

## 発酵は「因果」ではなく「縁起」で捉える

科学の名のもとでは、食物がうまく発酵せずに腐敗する原因を一つに絞りこみ、いわば因果関係で解決しようと試みるが、この方法ははたして正しいのだろうか。もちろん失敗の原因を抽出して失敗を回避する論理の構築をする科学的態度を否定するわけではない。

むしろ私が問いたいのは、失敗の分析によって捨てられてしまった論理の外にあるさまざまな要因は本当に無意味だったのか？　ということだ。それは、私がこれまで「論理の外にあった無意味なモノをもう一度確認することでイノベーションを起こしてきた」と自負しているからである。

私の経験上、発酵技術において合理的な因果関係を構築しても、野生の菌の潜在能力を引き出すことはできない。一つの結果に対して一つの答えだけを見出そうとする方法では、あまりにも視野が狭く、世界をもっと大きな枠組みで捉えることはできなくなってしまう。

野生の菌で発酵させようとして失敗したとき、私はさまざまな原因を考える。工房の衛生、職人の技術、材料の品質、自然環境の変化、労働者の疲れなどなど、結果に対する原因は一つに絞ることはできない。

前述の青カビの話のようにオカルト的判断をしてしまう場合もあるが、それはその現象を不可解なものとして忘れ去らないために、一時的にオカルト的意味づけをしておくのである。そしてまた後日新たな現象に出会ったら、そのたびに原因をあらためて考え、修正しながら現象を理解する。青カビが発生することもきちんと検証し続ければ別の答えが出るかもしれない。

全体を理解するためには、わからないところを排除するよりも、一時保留しながら全体をあるがままに捉えて考えていったほうが、より正しい答えに近づくのではないだろうか。このような曖昧(あいまい)さが動的な思考につながり、どんな変化にも対応できるようになると実感している。

発酵を取り巻く環境は、単純な「因果」ではなく、複雑な「縁起」で捉えるべき世界だろうと思う。「縁起」で捉えられるようになったことで、以前は思いもつかなかったような「タルマーリー式長時間低温発酵法」などのイノベーションを起こすことができた。そうして私は、白黒ハッキリさせたがる原理主義的な束縛から自由になっていった。

## 動的なモノ作り

野生の菌による発酵は曖昧で動的だ。職人は失敗をしないように、とにかく観察を深めてその素材と菌の性質を理解し、それらの自然といわば一体化しようとする。パターン化できないモノ作りはその都度思考しながら完成に向かう。師匠や先輩といった人間から習うよりも、自然と対峙(たいじ)することのほうが技術の習得につながるから、時には職人同士の主従関係すら意味がなくなってしまう。

動的なモノ作りにおいて職人は、日々現象を観察して経験を蓄積し、全体の関係性の中から直観的に最適解を導いていく。すべての素材や現象を包括的に捉え、できるだけ多くの関係性が良くなるように動く。

すると職人は、大事な素材と一体化して作るモノを自分の分身みたいに感じるようになるから、タルマーリーではパンやビールもあらゆる食材もけっして捨てたりしない。人間ではどうしても食べられない失敗したパンやビール粕（かす）なども、近所の牛に食べてもらっている。まさに「もったいない」という気持ちは、フードロスの問題解決にもつながっていく。

とにかく「なるべく多くの人や生き物が幸せになることが自分の幸せにつながる」という自然界の論理を理解するのが大事だと言いたい。これをハッキリと認識するためには、自然界がいつも動的であることを日々実感することが必要だ。だからと言って、何も私のように職人仕事をする必要はない。たとえば家庭における料理であっても十分に動的な自然界の営みを感じられるのではないかと思う。

静的なモノ作りでは、一つひとつの因果関係を明確化し、ハッキリとした理論の中で役に立つモノと役に立たないモノが仕分けされる。そして、不安定な要素を合理的に排除する。「役に立たないモノはいらない」という排除の思想が、科学的に「良い菌」だけを利用し、「悪い菌」を殺菌・滅菌する正義へと発展していく。

このような合理的思考から生まれた論理はたしかに、社会を物質的に豊かにしたのかもしれない。とはいえ、論理の外側に捨て去られた不安定な要素や伝統的な技術はもう必要ないということではないだろう。私たちのような動的なモノ作りから動的な思考を可能にすることで、因果の外側にある技術や自然法則を再構築できるかもしれない。

「タルマーリー式長時間低温発酵法」が生まれた背景には「素材は生命だから常に変化する」という感覚があった。教科書の理論だけを信じるのではなく、理論の外にあるモノの可能性を信じていたからこそ、生み出すことができたのである。


参考資料

- みやき町観光協会ホームページ「千栗八幡宮お粥試し」
  http://miyakikankou.jp/main/99.html
- 「種麴」松山正宣「日本醸造協會雑誌」一九七五年七〇巻一〇号 七〇五‐七〇八頁
  https://www.jstage.jst.go.jp/article/jbrewsocjapan1915/70/10/70_10_705/_pdf/-char/ja

# 第3章

# ビールへの挑戦

# 6 業界が味の多様化を阻む？

## 閉塞感よ、お久しぶりの再会です

今になって思うことだが、私の青春時代とサラリーマン時代は、画一化していく社会の常識や価値観との闘いだった。学校ではさまざまな才能を持った友人が「成績」という定量化したモノサシで順位を決められていた。私には、押し付けられた価値観の中で彼らが自らの才能をドブに投げこんでいるように見えた。

そんな中で私は、一つの方向に向かう抑圧された雰囲気を壊したくてエネルギーを発散していた。パンクバンドで歌を作ってギターを弾いていた理由も、同調圧力に対する嫌悪感からだ。空気のように現状を受け入れていく閉塞感をぶち壊したいと、怒りを歌詞に乗せ、不協和音をかき鳴らした。しかし、そんなことをしていても、何もかもうまく行かなかった。

その後、フリーターと大学生活を経てサラリーマンになってからも、この社会を取り巻く閉塞感から逃れることができなかった。その源流に流れるモノはいったいなんなのだろうか。それがはっきりと見えずにイライラしながらも、いつしか忙しさに埋没して自分のことで精いっぱいになっていった。

しかしそれから二十年後に思わぬところで、その閉塞感に再会することになる。それはなんと、ビール業界だった。パンの世界では感じなかった窮屈な感覚を、ビールの世界で感じたのはなぜなのだろう。

私たちはとても運がいいのだが、二〇〇八年にタルマーリーというパン屋を開業する前後から、日本ではパンブームが始まった。さまざまなパンが市場に出回るとともにSNSが普及して、「パンマニア」とか「パンブロガー」と呼ばれるような一般の人々が、自分の好きなパンやパン屋についてどんどん発信するようになっていた。

パン好きの世界では、評価に一つの答えを求めない人が多いように思う。こうしてパン文化は花盛り、パン業界は良くも悪くもなんでもありで、それぞれの消費者が個々の感性で好きなように発信している。そのおかげで、私たちのような変なパン屋も、賛否両論の中で生き残ってこられたのかもしれない。

「パンが売れれば売れるほど、地域の経済と環境が良くなる」

タルマーリーは、これを目標に経営してきた。しかしこの理念に基づいて作ったパンは価格が高くなる。はたしてそんな高いパンをちゃんと買ってくれる人がいるのだろうか？　と、開業当初はとても不安で心配だった。

実際、はじめは「パンが高すぎる」という声を多く聞いた。しかしあれから十年が経ってここ最近は「ちょっと安すぎるのではないか」とまで言われるようになった。その背景には原料価格の高騰などもあるが、この十年でパン文化の底上げがされてきたことも一因だと思う。

ところが、パン職人からビール職人に転向してみて、私はその世界の違いに驚いた。ビールの世界では「ビールの味はこうあるべき！」という画一化した価値観が席巻していたのだ。

「なんだ、この雰囲気は。い、息苦しい！」

と叫びたくなるようなこの気持ち。ああ、これ、あの高校時代とサラリーマン時代に感じていた、あの狭苦しい雰囲気と一緒だ。

閉塞感よ、お久しぶりの再会です。

## 大手四社が寡占する「異常」

そもそもパンもビールも、幕末から明治初期に西洋から輸入された食文化という点では共通している。それなのに、二つの業界の雰囲気はどうしてこうも違うのだろうか。パンは西洋と日本の文化を融合させながら、日本人の価値観を広げながら、正解をめざすことなどなく自由に発展してきたのだと思う。一方でビールはどうなのだろうか。その理由が知りたくて、両者の歴史を調べてみた。

食生活の西洋化は、一八五〇～一八七〇年に開港した五港（横浜、長崎、函館、神戸、新潟）に設けられた外国人居留地から広がっていった。西洋人たちはパン食を求め、日本人の中にパン職人を育てようと試みる。その頃はまだイーストは普及しておらず、野生の菌から起こす自家製天然酵母を使った伝統的な製法だった。そして西洋人たちが日本人に教えた方法が、ホップ種法だった。ホップ種を使うことでパンの酸味が抑えられたからだ。

しかし日本のパン業界でホップ種法が安定するかしないかという時期に、西洋人はビールを欲するようになる。一八六九年に日本初のビール醸造所ができてから、急激にホップの需要が高まり、パン工房ではホップが入手困難になった。それで困ったパン職人の中で、日本の伝統的な発酵法に気づいた者がいた。それが「木村屋」の創業者、木村安兵衛（やすべえ）だった。

そして彼は、「酒種」という米と米麴で仕込む日本の伝統的な種を使ってパンを作り始めた。ホップ種を使ったパンよりも日本人の好む食感と味わいの酒種パンは瞬く（またたく）間に人気が広がり、日本ならではのパン文化を形成していくことになる。

商売において新しいモノの役割は、人の価値観を広げることだと、私は思う。酒種パンが生み出された背景には、常識に囚われずに価値観を広げていく自由な雰囲気が感じられる。おそらく、その多様な価値観は江戸時代に形成されたものではないだろうか。

江戸時代は鎖国という状況下で、かぎられた資源を大事に使いまわす循環の思想が生きていた。画一的なモノなどなく、すべては人の手で作られた唯一無二のモノだった。そんな世の中では、おのずと価値観も多様にならざるをえないだろう。

しかしビールの世界は、明治政府とその後の軍事政権の影響を色濃く受けていく。

二十世紀に入るまでは、日本でも多様なビール文化が花開き、一八八七年には一〇〇社ほどが日本中でビールを醸造していたという。ところが日清戦争や日露戦争の足音が近づいてくると、戦費調達のために酒税がねらい撃ちされることになった。明治政府は、その頃に急速に需要が伸びていたビール業界に着目し、それまで無税だったビールに課税することを決める。そして、ビール醸造業者らの反対運動を押し切って、一九〇一年に「麦酒税」をスタートさせたのである。

この税負担の増加は大きな打撃となり、資本の後ろ盾を持たない中小の業者は次々に廃業に追いこまれた。その結果、日本のビール業界は大手企業への集中時代を迎え、一九九四年に酒税法が改正されるまでの九十三年もの間、二〜四社のみの寡占状態が続いたのである。そして今現在でも、アサヒ、キリン、サッポロ、サントリーという主要四社がビール市場で大きなシェアを占めている。

つまり日本には一九九四年まで、大手が作るピルスナータイプのビールだけが存在する状況だった。世界のビールには黒ビールや白ビール、ハーブやフルーツの入ったビールなどなど非常に多くの種類があるのに、日本人は長い間それらの存在を知らず、ビールといえばピルスナー一種類しか選択できない状態だった。その結果、「ビールの味はこうあるべき！」というふうに嗜好が硬直化してしまい、その他の味をなかなか受け入れられなくなってしまっている。

これはたとえばパンの世界でいったら、食パンやあんパン、カレーパンといった多様なパンはまったく存在せず、日本中どこでもバゲットだけしか売っていないというような状況だ。いかに異常なことか、おわかりいただけるだろうか。

## 「美味しくない」モノを作ってもいい！

そして一九九四年、酒税法改正により、ビールの製造免許をとるのに必要な最低製造量がそれまでの年間二〇〇〇キロリットルから六〇キロリットルに引き下げられた。これによって、大手だけでなく中小の業者にもビール醸造が可能になったため、全国各地で新規参入が相次ぎ、「地ビールブーム」が起きた。一時は全国で三〇〇以上もの地ビール醸造所が誕生したのだが、残念ながらそのうちの多くが潰れていった。

この最初の「地ビールブーム」ではなぜ、本当の意味でビールの多様性が広がらなかったのだろうか。このとき参入したビールメーカーの多くは、法律改正によってハードルが下がったのを機に、地域おこしや特産品作りという目的だけでビール作りを始めてしまったのかもしれない。新しいモノ好きの消費者はブームによって一時的に地ビールを飲んでみたけれど、結局は飲み慣れた大手メーカーのビールに戻っていってしまった。

私は、日本の法律によって寡占状態が続いたこの歴史こそが、ビール業界に独特の閉鎖的な雰囲気を生み出していったのだと理解した。職人にとって、モノを作る環境に政治がいかに大きく影響してくるかを思い知らされるような歴史的事実である。

「美味しい」という感覚は本来、曖昧なものではないだろうか。それを私たちは今、あたかも絶対的な感覚であるかのように勘違いしている。私はこの勘違いこそが、価値観の画一化につながっていると捉えている。

私たちが絶対的に「美味しい」と勘違いしている根拠は、それが「大量に売れている」という定量化された指標である。つまり、大手メーカーが大量生産し、市場で大量に消費されている味が「美味しい」ということになってしまうのである。

そうすると、「美味しい」モノを求める消費者たちは誰もが大手メーカーの味に向かうことになり、結果的に閉鎖的な市場システムを維持し、価値観を画一化することに加担してしまう。最終的に世の中が一つの答えに向かっていき、小規模に独自のモノ作りをしている人たちが生きにくい社会ができあがっていくのだ。

資本主義社会に豊かな多様性をもたらす方法は、「もっとも弱い者が生きて行ける社会」を実現することではないだろうか。私はビール職人として、この社会に多様性を生み出すために、ビール市場の価値観を広げていきたいと思う。だから、私のモノ作りの目的は「美味しい」とか「かっこいい」ではない。極端に言えば、「美味しくない」モノを作ってもいいのではないだろうか？

パン作りでもそうだった。タルマーリーを始めた当初は私も「美味しい」という絶対的基準に囚われていたのだが、智頭に移転してからは「美味しい」の追求をやめたのだ。私がモノを作る目的は、市場の価値観をどれだけ押し広げることができるか、それに挑戦することだ。だから、世の中で広く認められている成功事例に追従することなく、

「こんな表現があるのか⁉」

「こんな商品があってもいいのか⁉」

と消費者を驚かせ、市場に多様性をもたらすようなモノを作っていきたいのである。

## ブレのあるモノ作り

私は十五年ほどパン職人を続けてきたのだが、当初は賛否両論だった私のパンも、作り続けていると人々の価値観は広がり、そのうちに受け入れてくれるようになるのだとわかってきた。そして私は、「美味しい」パンよりも、「食べ続けても気持ち良い」パンを作りたいと思うようになり、そのために改良を続けてきた。

「食べ続けても気持ち良い」食べ物と対極にあるのは、より多く「売れる」ことをめざして作られた食品ではないだろうか。最初の一口を食べた瞬間はものすごく美味しく感じるけれど、続けて食べているとちょっと味が濃く感じられてきて、あまり多く食べると食後の気分が良くないという感じだ。

食べ物への評価というのは、食べた瞬間だけでなく、食べたあとの感じこそ大事だと思う。もっと言えば食べた直後だけでなく、その次の日以降の体調や気分も良い感じであってほしいと思うのだ。

「食べ続けても気持ち良い」パンを作るためには何より、良い原材料を使うことが基本になる。そしてそれは味のためだけではない。私がパンに使うのに理想的な原材料とはつまり、自然栽培の農産物である。肥料や農薬を使わない栽培によって、農地では自然環境が保全されることになる。

このように、社会的意義のあるモノを作りたいと考えて実践すると、そうしてできる食べ物はいつも同じ味にはならない。多少のブレがあり、いわゆる「美味しくない」モノができるときもある。しかしそれこそが当たり前で、それでいいのではないだろうか？

## 7 ビールは熟成が命！

### オーガニックの原料がない!?

智頭でタルマーリーがビール醸造を開始してからもうすぐ二年になろうとしていた二〇一七年十月、立ち上げからビール作りを担っていたスタッフが退職した。ビール醸造に関してはすべて彼に任せていたので、正直、大変に困った出来事だった。

しかしこのおかげで、私はそれまでしがみ付いていたパン職人というポジションから引き離され、ビール職人に転向することになった。そして結果的に、私自身もスタッフも、すべての人が解放され、それぞれの力を発揮できる状況になった。

私はパンの現場をきっぱりと弟子に譲り、ビール職人として一からスタートを切ることになった。三十一歳でパン修業に入ったときもつらかったけれど、四十六歳でまたビールという新しい分野に挑戦するのは正直、ものすごく難しくてしんどかった。

まずビール作りの工程をごく簡単に説明すると、
1　麦芽とホップとお湯で、麦汁を作る
2　麦汁に酵母を入れ、アルコール発酵させる
という手順だ。

ホップというのはハーブの一種で、ビールに苦みと香りをつけるだけでなく、ビールの保存性を良くする役割もある。そして私がビール作りを始めてぶち当たった困難は、このホップの使い方である。とても難しい。まったくわからない。産地や品種によって、苦みや香りの出方が全然違うのである。

ホップの使い方も何もかもわからなくて、最初はビールが美味しくできず、毎夜うなされた。あまりにも振り切って不味いモノができてしまったら、誰にも受け入れてもらえない。さすがの私も、

「俺様の作るビールは社会的意義があるから、どんなに不味くても認めてくれ」

なんて言うつもりはさらさらない。

ともかく、パンと同じように、タルマーリーならではのビールを作ろうと思ったら、

良質な原材料を使うことが大原則となる。ビール醸造技術はおいおいついてくるとして、とにかく良い発酵は良い材料から始まるのだから、最初に原材料をすべて良いモノに変えようと思った。

それに、タルマーリーではビール酵母をパンの材料としても使っている。「野生の菌だけで発酵させる」というポリシーをパンとビールに貫（つらぬ）いているのはもちろんだが、良いパンを作るためにも、ビールにもできるかぎり良質な材料を使うべきである。

ビールの主原料は麦芽とホップであり、日本ではそのほとんどを海外産に頼っている。海外産原料で良質なものを選ぶ場合、私たちはオーガニック認証を基準とする。そこでとりあえず、今まで取引があった商社に聞いてみると、その会社が輸入販売しているオーガニック麦芽はドイツ産ピルスナーモルト一種類のみで、しかも需要が少ないから、半年に一回だけ日本に輸入されるという。つまりそのタイミングでまとめて仕入れてタルマーリーで保管しておく必要がある。まあそれでも手に入るのだからまだ良い。しかしオーガニックのホップは需要がないから扱っていないとのことだった。

これは困ったぞ……。

そんな悩みを抱えていたある日、株式会社「ノヴァ」のブッシュ一木（かずき）社長がタルマーリーを訪れてくれた。「ノヴァ」は主に全国のパン屋さんを取引先として、ナッツやドライフルーツなどのオーガニック食材を輸入販売している会社である。タルマーリーでも開業当初から、「ノヴァ」の扱う材料を仕入れているので、かれこれ十年以上の付き合いになる。

そして偶然にも、ブッシュさんは東日本大震災のあと、智頭町の隣の八頭（やず）町に自社のオーガニックファームを整備し始めたのだった。ブッシュさんは八頭町の農場を訪れるたびにタルマーリーにも寄ってくださるようになり、昨年は自社の研修旅行で大勢のスタッフとともにランチを食べに来てくれた。そのとき、オーガニックホップが手に入らないことをブッシュさんに相談してみた。すると、

「いいですよ。うちでやりましょう」

と、すぐに快くオーガニックホップの輸入を引き受けてくれたのだ。

こうして現在、タルマーリーのビールはすべてオーガニックの麦芽とホップを使って醸造できるようになっている。

## 乳酸菌は「良い奴」なのに

ビールの世界に入って感じたいくつかの違和感の一つに、「乳酸菌への敵対」がある。タルマーリーではパンでもビールでも「野生の菌だけで発酵させる」というポリシーを持っている。発酵に関わる野生の菌というのは、酵母だけではない。麹や乳酸菌など、多種多様な菌類や細菌類が存在する中で醸造していくのである。その中で特定の菌を否定することはない。

しかし、ビール業界では乳酸菌をひどく敵対視していた。乳酸菌は絶対に「混入」すべきではない、徹底的に「殺菌」すべきだというのが常識だったのである。

乳酸菌というのは、さまざまな食品の発酵において、重要な役割を果たしている。ヨーグルトやチーズ、キムチや漬物、日本酒、味噌、醤油などなど、皆さんにもお馴染みの発酵食品には欠かせない細菌であるし、人間の健康のためにも積極的にとったほうがいいと広く言われている。

私はパンを作る中で乳酸菌と長年付き合ってきたのだが、彼らはとても「良い奴」

である。乳酸菌は発酵過程の初期段階で腐敗菌の繁殖を抑え、そのあとに麹や酵母などが働きやすい環境を作ってくれる。それなのになぜ、ビール業界ではこんなに嫌われるのだろうか？　その理由を探るために、古代からのビールの歴史を振り返ってみよう。

ビール自体の歴史は古代メソポタミア、古代エジプトにまで遡る(さかのぼ)が、今日のようなビールの原型はホップが使用されるようになって初めて完成したのだそうだ。ではいつからホップがビールに使われたのだろうか。ヨーロッパで広くホップが使われるようになったのは十三～十四世紀だという。それ以前は、さまざまなハーブを調合した「グルート」と呼ばれるものを使った「グルートビール」が主流だった。

しかしグルートよりもホップを使ったほうが、爽快な苦みや繊細な香りのある、日持ちの良いビールができることがわかってきた。そして、ホップの苦み成分が乳酸菌の増殖を抑えこむことでビールの変敗を防ぐため、長距離輸送が可能になり、現ドイツではビール醸造が発展し、重要な輸出品目となっていった。そしてついに一五一六年、バイエルン領邦君主ウイルヘルム四世によって「ビールには必ずホップを使用すること」という「ビール純粋令」が発布された。

これによって、ビール醸造においてはホップが確固たる地位を確立した。その後一八八三年、カールスバーグ研究所のエミール・クリスチャン・ハンセン博士によって酵母の純粋培養技術の開発がなされ、ビールの大量供給の道が拓(ひら)かれたのである。

こうしてみると、ホップが使われる前のビール作りは不安定で、乳酸菌が増殖して酸っぱくなったり変質してしまったりしたのだろうと想像できる。しかし、ホップと純粋培養酵母を使うことによって、ビールは安定的に大量生産できるようになったはずだ。それなのに、現在でも乳酸菌をここまで敵対視しているのは、なぜなのだろう……。

## 乳酸菌の繁殖を抑えるための仮説

ところでこれまでさまざまな場で発酵を経験してきたが、智頭に移転してからは乳酸菌が繁殖しにくいと感じている。タルマーリーはよりきれいな環境を求めて智頭にやってきたわけで、実際に以前の環境よりもこの地域の水と空気はきれいである。

具体的に私がパン作りで乳酸菌を繁殖させるのは、パン酵母となる酒種作りの最初の段階で、菩提酛を作るときだ。千葉→岡山→智頭と移転を繰り返し、その間にいろいろな栽培方法の米を使って菩提酛作りをしてきた経験を振り返ってみると、乳酸菌というのはある程度〝汚れている〟環境のほうが繁殖しやすいような気がする。

千葉や岡山で菩提酛作りに難儀した経験はなかったのだが、今の智頭町のようにきれいな環境で、かつ、この地域で無肥料無農薬栽培されたきれいな米を使うと、乳酸菌が繁殖しにくいと感じている。

もう一つ、ビール作りでおもしろい経験をした。私が原料を慣行栽培品からオーガニックに切り替えて仕込んだときに気づいたことがある。いつも麦汁を作ったあとに、麦芽とホップの搾りかすが出るのだが、それを捨てるのはもったいないので牛に食べてもらう。牛の肥育農家の藤原さんに取りに来てもらうまで、その搾りかすを置いておくのだが、慣行栽培の原料を使った搾りかすは、すぐに腐敗して悪臭を放っていた。

一方でオーガニック原料に切り替えると、搾りかすは腐敗しにくく、嫌な臭いがすることは少なくなったのだ。

これらの経験から推測してみると、現状のビール生産に関わる材料や環境は、人間にとっては〝キレイ〟であっても、菌にとっては〝汚れている〟のかもしれない。だから、いくらホップや純粋培養酵母を使ったとしても、ビールに乳酸菌や雑菌が繁殖

しやすい状態になるのではないだろうか。乳酸菌が繁殖しやすく、ビールが変敗しやすいため、ビール醸造の現場では、

「とにかく乳酸菌を殺菌、滅菌して撲滅せよ！」

という悪循環に陥っているのかもしれない。

このような私の仮説に基づくと、麦芽原料となる大麦をなるべく肥料や農薬を使わずに栽培することによって、それで仕込むビールは乳酸菌の繁殖が抑えられるのではないだろうか。だから私は、将来的には自前の麦芽工場を整備して、自然栽培の大麦や小麦から自分で麦芽を作っていきたいと考えるようになった。

## サワービールに挑戦

しかし一方で、乳酸菌を敵対視してびくびくしながら抑えるより、いっそのこと思いっきり乳酸菌の力を引き出したほうがタルマーリーらしいのではないか？　と考えるようになった。そこで、酸っぱいビール＝サワービールを作ってみることにした。

タルマーリーがビール醸造を始める少し前くらいからクラフトビールの「第三次ブーム」が起こり、世界にはさまざまな種類のビールがあることが日本人にも浸透し始めていた。その流れの中で、ちょっと珍しい酸っぱいビール、サワービールにも注目が集まってきていた。しかし私はその時流に乗ろうと思ったわけではなく、世の中でサワービールが流行っていることはあとから知ったのだった……。

ともかく、サワービールとはどのように作るのか、まずはサワービールを解説した記事を読んでみると、下記のように書いてあった。

「いろいろなスタイルのビールを作っている醸造所において、乳酸菌が違うビールに混入してしまったら大変なことになるので、乳酸菌を使ったあと殺菌すると、乳酸菌による感染の恐れが若干低くなります」

〝殺菌〟だの〝感染〟だの、なんだか病原菌のような扱いで、私はこのような乳酸菌への待遇が不憫(ふびん)でならなかった。日本ではこの考え方に追随(ついずい)しているビール醸造所がほとんどで、基本的に、

「乳酸菌は敵であり、用が済んだら殺せ！」

というスタンスで、これに私はどうも釈然としない。

私は十年以上、パンに使う酵母として酒種を仕込む中で野生の乳酸菌と付き合って

きたので、いわば友だちのようなものである。そんな私だからこそ作れるサワービールの表現をしてみたい、と思った。そこで早速、日本酒の菩提酛作りを参考にして、乳酸菌を培養して三段階で仕込む醸造方法を、サワービールに応用して試してみた。

菩提酛作りから始める伝統的な日本酒の製法は、いかにも日本人らしい表現だなと思う。乳酸菌と麹、酵母という三種類の菌をうまく共存させながら仕込んでいくのである。

まず、菩提酛作りで乳酸菌を十分はたらかせて雑菌が抑えられたあとに、ご飯と米麹を加えると、酵母が優勢となる。酵母によるアルコール発酵が進むと、乳酸菌のはたらきは抑えられ、それ以降はあまり酸味を出さない。野生の菌たちの調和をうまく取りながら仕込みが進んでいく、じつに平和な醸造方法だ。

ところで日本酒に麹を使うのは米を糖化させるためであり、ビールに使う麦は麦芽酵素によって糖化が行われるため、ビールに麹を使う必要はない。その違いはあるにせよ、乳酸菌と酵母のはたらきがどのように進んでいくのか、ドキドキしながらサワービールの完成を待った。

そして完成した頃合いに一口飲んでみると……酸っぱい！　正直、私はその味に感動したし、マリやスタッフにも大好評だった。乳酸菌が豊富に存在しているビールは、暑い季節にはとくに飲み心地が良く、そして飲みすぎても身体への負担が少ないように感じられた。

しかし、やはりお客さんに提供してみると、これまでになく賛否両論ではある。大手メーカーのピルスナービールが大好きなおじさんたちには、大変に不評である。逆に「ビールは苦手」という女性などには、意外にも「美味しい！」と言ってもらえることが多い。いずれにしても、このサワービールが市場の価値観を広げるのに役立ってくれるのであれば、否定的意見も気にならない。

そして二〇一九年、タルマーリービールの全生産量が約七三〇〇リットルだったうち、サワービールは約二〇〇〇リットルを仕込んだ。乳酸菌と一緒に作ったこの変な酸っぱいビールが、わずかとはいえちょっとずつビール市場へ食いこんでいっていると思うと、ニヤニヤうれしくなる。

## ビールを売りたくない理由

ビール職人一年目は恐る恐るビールを仕込んでみたものの、残念ながら仕上がったビールはほとんどが不味かった。だから、仕込みがとても憂鬱で、このままだと病んでしまうかも……と思うくらいだった。

そんな中でも、これまたあまりにも不味くて飲めないビールができてしまい、途方にくれて放っておいたことがあった。捨ててしまおうかとも考えたけれど、やっぱりもったいないし、迷っているうちに半年ほどが経ってしまった。それでふと思い出したときにちょっと飲んでみると、なんと、ものすごく美味しくなっていたのだ。

私は直観的にひらめいた。

「ビールは熟成が命！」

そうか、おけばおくほどうまくなるのか。カレーも二～三日置くと美味しくなるように、ビールも熟成させると味のバランスが良くなるのだ。

しかし一方で、長い時間おくとホップの香りが飛んでしまうのがネックになるだろうか。それに、熟成に必要な場所と、冷蔵庫の電気代が余計にかかる。さらに販売担当のマリから、「そんなに長く熟成させるなんて、その間売るモノがなくて、お金が入らないじゃない」と突っこみが入る。

まあ、でも、何事もとりあえずやってみなければわからない。まずはすぐ行動！　早速、熟成させるための樽を買い足した。三〇リットル樽を一〇〇個と、一〇リットル樽を一〇〇個、合計四〇〇〇リットル分だ。そうして大量の樽が届いたあと、そういえばこれを貯蔵する冷蔵スペースも足りないじゃないか、と気づき、大型のプレハブ冷蔵庫も注文した。

ところで、原料の違いで熟成にどのような違いが出るのか実験してみたくて、慣行栽培の麦芽で仕込んだビールと、オーガニックの麦芽で仕込んだビールを二年弱寝かせてみた。すると、慣行栽培のほうは変質して味が悪くなっていた一方で、オーガニックのほうはワインみたいな風味になっていたのだ。二年弱熟成させるとこんなに深い味わいと風味になるのか、おもしろい！

ということで、それからビールを仕込みまくって熟成をかけ、今ではタルマーリーの定番ビール五種類のうち三種類を半年以上寝かせてからリリースするようになっている。しかし本当はもっと長く熟成させたい、せめてあと一年……。そう思うとビールをあまり売りたくなくなって、今は新規の取引を断っている状態である。

そして原材料の麦芽に関しても、現状使っているドイツ産オーガニックがベストだとは思っていない。おそらく、無肥料無農薬栽培の麦芽を使ったほうが、より長い熟成に耐えられる良いビールになるのではないか？　そうなるとやはり、麦芽工場も立ち上げるしかない。

大麦を近隣の農家に無肥料無農薬で栽培してもらい、それを発芽、乾燥させ麦芽にする設備を作る。それで自分が本当に納得できる材料でビールを仕込み、長期熟成させる。それこそが、私がやりたいビール作りだと、明確に道筋が見えてきた。

## 長持ちするモノを作る

なぜ私はこんなにも熟成に魅せられているのだろう。それはビールの味や風味が良くなるという品質の問題だけではなく、そこに大きな社会的意義を見出しているからだ。

私は「新しいモノに価値がある」という画一的な流れに嫌悪感を抱いてきたし、社会の閉塞感を打破したいと思いながらモノを作っている。ビールの世界では「鮮度が命！」と広く言われているけれど、それも価値観の画一化でしかないと、自分で作ってみてわかった。

この資本主義社会は、すべての時間を短縮することに注力してきたが、結果として人間は機械のスピードに合わせた労働に苦しみ、生み出されるモノも短命になってしまった。その分モノの値段は安くなったが、すぐに壊れるので結局買い替えなければならず、結果的に大量のごみが出る。

一方で私は伝統的なパン作りを通じて、良いモノを作ろうと思ったら何度も改良を重ねる必要があり、完成までに十年以上かかるということを経験した。「長い時間を経て作り出され、かつ長い間使えるモノこそ、価値が高い」という認識が広まれば、そういう生産の在り方と職人の技術が維持される。そして、長持ちするモノを作るためには、その材料も良質でないとならないので、さまざまな生産現場でプラスの連鎖が起きることになる。

このように、「長持ちする商品」を多くの消費者が求めるようになれば、それらをみんなが買えば買うほど地域の経済と環境が良くなっていく。そうなれば、資本主義社会でも価値を蓄積していけるはずだと、私は思うのである。

## 参考資料

- 税が決める「酒の味」~日本からビール消滅?~
https://www.jiji.com/sp/v4?id=shuzei14080001
- キリンビール
コラム　ビールに「麦酒税」が課せられる
https://www.kirin.co.jp/entertainment/museum/history/column/bd045_1901.html
コラム　酒税法改正により日本全国で「地ビール」が誕生する
https://www.kirin.co.jp/entertainment/museum/history/column/bd099_1994.html
- 酒文化研究所　日本の酒税制度の軌跡をたどる
http://www.sakebunka.co.jp/archive/letter/pdf/letter_vol24.pdf
- 「ホップの探究」村上敦司「日本醸造協会誌」二〇一〇年一〇五巻一二号七八三-七八九頁
https://www.jstage.jst.go.jp/article/jbrewsocjapan/105/12/105_783/_pdf/-char/ja?fbclid=IwAR0GtZGOE5e67qxv6RrygPQVzqR08z6Olqz-uczXp4W_Fz2ffwa_6zKl7lo
- 酸っぱいビールがうまい!　サワーエール徹底解説
https://voyager-beer.com/2017/08/%E9%85%B8%E3%81%A3%E3%81%B1%E3%81%84%E3%83%93%E3%83%BC%E3%83%AB%E3%81%8C%E3%81%86%E3%81%BE%E3%81%84%EF%BC%81%E3%82%B5%E3%83%AF%E3%83%BC%E3%82%A8%E3%83%BC%E3%83%AB%E5%BE%B9%E5%BA%95%E8%A7%A3%E8%AA%AC/

# コラム

## 微生物から見る地球史

※ここの記述は、巻末に記載する本などをもとに、私なりに解釈してまとめてみた。とくに菌など目に見えないものを敵視しがちなこのご時世だからこそ、読んでみてほしい。

### 植物の意識

私は野生の菌を見ていると「死」を感じない。そこには「生命を持続させる意志」が存在しているように思う。エントロピー増大の法則によってすべての事物は崩壊に向かうはずなのだけれど、しかし菌たちの営みを見ていると、環境を破壊しつくさないかぎり、生命という秩序は永遠に続くように思う。

ビール作りで一次発酵の最中、ブクブクと勢いよく二酸化炭素を発生させながら発酵していた酵母たちが突然動かなくなることがある。「発酵が終わったのかな」と思ってしばらく見ていると、一週間後にまた急に発酵を始めたりする。ビールタンクの中では多種多様な酵母がそれぞれに自分の好きな糖度や温度帯で活躍するから、こういうことが起こるのかもしれない。

こうして菌と遊んでいると、菌の気ままな動きに一喜一憂している私自身が菌の奴隷のような存在として人生を送っているのではないかと疑い始める。それどころか、人間が人間のために行動してきたつもりであっても、じつは菌が主体となって、彼らが作りたい世界を作るために人間を利用してきたのではないかと感じるようになった。

こんなことをぼんやり考えているとき、中学生のときに読んだ漫画『ダークグリーン』（佐々木淳子、小学館）を思い出した。この漫画は当時の私には衝撃的な内容だった。ストーリーはこんな感じだ。

ある日、世界中で人々が同じリアルな夢を見るようになる。そして「R－ドリーム」と呼ばれるその夢の中で、人々は「ゼル」と呼ばれる謎の侵略者たちと戦い続ける。R－ドリームから出られなくなった人間は、現実では植物人間状態となり、そしてR－ドリームでの死は、現実での死となる。

なぜなのか？　夢の中でそれを解明する旅が始まるのだが、次第にR－ドリームの正体は人間が作り出した環境問題であり、それがすべて自分たちに返ってくるということがわかる。

しかしそれを操るのはいったい誰なのか？　最終的には植物全体の意識がR－ドリームや地球全体を支配しているということだった。つまり植物界が「自然のルールに則って生きなければ自然からの逆襲があるよ」と人間に警鐘を鳴らしていた。さらに植物界の全体意識が生物進化に関与しているという表現まで描かれていた。

さすがにこの漫画の言うような「植物界が全知全能である」ということは事実とは少し違うように思う。この漫画が描かれた一九八〇年代当時はDNA解析も進んでいなかったし、腸内細菌の研究も本格的には始まっていなかった。

## 微生物の配下にある植物や動物

地球が誕生してからの四十六億年という長い歴史を振り返ってみると、地球全体を支配しているのは植物というより微生物といったほうが適切だと思う。事実、私たちが生きるために必要な空気、土、エネルギーは微生物が作ってきた。そして地球史における劇的な環境変化に生き残った微生物たちは、変異しながら生物としての形態を変えてきた。植物も動物も、微生物が環境変化に対応しながら変異し進化したものだ。極論すると、植物や動物たちは微生物の配下にあると言えるかもしれない。

そもそも地球上に初めて現れた生命体は微生物であり、その後、動物や植物が生まれるまでにはじつに三十億年以上と長い時間がかかった。

三十八億年前に海の中で無機物から生命が誕生したと言われている。その生命体は「古細菌」と呼ばれる嫌気性生物だった。

三十二億年前に光合成を行う細菌「シアノバクテリア」が生まれる。太陽のエネルギーを利用して光合成を行う結果、酸素が発生する。そして大気中の酸素濃度が高まり、酸素を利用する好気性細菌が繁殖するようになった。

そんな中、二十億年前に古細菌と遊泳細菌が合体して「真核生物」が生まれた。真核生物とは、身体を構成する細胞の中に細胞核と呼ばれる細胞小器官を有する生物である。好気性細菌が真核生物の細胞内に共生してミトコンドリアとなり、シアノバクテリアが共生して葉緑体となった。これは「真核細胞の細胞共生説」と呼ばれている。

ミトコンドリアが共生することになった細胞は、後に菌類や動物へと進化していく。一方で、葉緑体を取りこんだ細胞は植物へと進化していった。

このように海の中で微生物たちが進化していき、さらに陸地へ進出する準備を進めていた。そして五億年前にようやく、コケ類や地衣類といった光合成生物が海から大地へ上がった。しかし海から上がったばかりのとき、乾燥した岩ばかりの大地から光合成生物はどうやって栄養を取ったのだろうか？

そこにはすでに菌とのパートナーシップが生まれていた可能性が高いという。コケ類や地衣類とともに上陸したカビが、岩から栄養分を取り出し、渡していたというのだ。

最初に陸に上がった光合成生物が少しずつ土を作った結果、その一億年後にシダ植物が登場する。このシダ類が成長し、枯れて、分解されていくことを繰り返し、その後もさまざまな動植物が進化して生まれ、そうして何億年もかけてやっと土ができていったのである。

このように何十億年もかけて形成されてきた地球における生命体はすべて、

微生物の存在が前提となってシステムを作り上げてきたといえるだろう。

### 私の菌活

もちろん現在でも細菌類は私たちの体内にたくさん存在している。人間はおよそ三十七兆個の細胞からできているが、人間の腸内には約一〇〇兆個の細菌が、体表には約一〇〇〇兆個の細菌が住んでいて、まさに私たちは彼らと共生関係にある。体表の常在細菌は皮膚にバリアを張って身体を守ってくれているし、腸内細菌は私たちの細胞の合成や免疫、浄血、解毒などに関わっていると言われている。とくに近年、幸せのホルモンとも呼ばれる脳内物質セロトニンの前駆体の九〇パーセントが腸内細菌によって作られているという研究報告もある。こうして腸が「第二の脳」と呼ばれるほど重要な器官であり、腸内細菌の大きな役割が認識されるようになった。

とはいえついこの間まで、人間はそんな知識はまったくなくても微生物と仲良く共生してきたのだが、産業や科学の革命によって「殺菌」という考え方が生まれた。たとえばビールの歴史を見てみても、ビール作りに失敗する原因を腐敗菌という単純な要因に限定していった。そして大量生産を実現するために、腐敗菌を含めたすべての菌を殺し、純粋培養した強い発酵菌を添加して発酵させるという技術が発展していった。

このような単純明快に因果関係を解明する態度は農業にも適用されていった。植物が土から吸収している栄養は「窒素・リン酸・カリ」だと特定し、その三つの物質を化学的に合成した化学肥料を畑に撒くようになった。

前述した菌根菌は土の中で植物の根としっかり結びつき、土の中のミネラルを植物に渡している。しかし土に化学肥料を撒いた結果、植物が簡単に土中から栄養を取れるようになると、菌根菌と結びつく必要がなくなってしまう。そうして植物の根と菌根菌との結びつきがなくなり、土壌の構造維持に一役買っていた菌根菌が減少すると、土が劣化しやすくなるという。さらに植物に含まれるミネラルが減少し、それを食べる私たち人間もミネラル不足で体調不良になる……という悪循環が生まれていく。土の中の菌と植物、私たちはすべてつながっているのである。

発酵を通して野生の菌の活動を見ていると、彼らがまるで大きな頭脳のように地球全体を統率しながら生命を持続させていくように思える。だから今日も、私は一日の終わりに菌活と称して野生酵母ビールを飲むのである。

# 第4章

# 菌活者・仮面の告白

# 8 いくつもの仮面

## ルヴァンでの修業

二〇〇四年秋。娘のモコがマリのお腹に宿って五カ月がたとうとしていた当時、私たち夫婦は東京の町田市に住んでいた。私がパン修業を始めて二年が経ち、その間に三社のパン屋で働いたのだが、やっと念願叶って、天然酵母パン屋の老舗（しにせ）「ルヴァン」に入社することができた。「ルヴァンを修業先として最後の店にしよう」と思いながら、日々パンの技術習得に励んでいた。

パン修業を始めた頃、私はイーストも天然酵母も何がなんだかよくわかっていなかったのだけれど、マリは当初から明確に、

「私たちがパン屋をやるなら、国産小麦と天然酵母だけで作りたい」

と考えていたらしい。だから、

「いつかイタルがルヴァンで修業できたらいいのに」

という想いも強くあり、私自身もパン屋で働くうちにだんだんパンの製法についてもわかってきて、いよいよ修業三年目に向けてルヴァンへ履歴書を送ってみたのだった。

しかし数カ月たっても、なんの連絡もない。ルヴァンは人気店で、たくさん履歴書が送られてくるらしいから、三十代の私は採用してもらえないのかもしれない……。そんなふうにあきらめかけていたある日、ついにあの有名なルヴァン社長、甲田幹夫さんから電話がかかってきた。

「信州上田店なら、採用できるんだけど」

というお話だった。

当時、ルヴァンは三店舗を展開していた。東京で二店舗、調布店と渋谷区富ヶ谷店、そして長野県の信州上田店。

「とにかくチャンスだ！　ルヴァンで修業できるチャンス！　上田でもどこでも私は行きます！」

と言いたいところだったのだけれど、なんとマリに反対された。縁もゆかりもない信州に移住するなんてとても不安だという。マジか、なんてもどかしいんだ。

まあでも、パン屋の安い月給では、夫婦共働きでないとやっていけないし、いつか独立開業するときの資金も貯められない。今、マリが町田の職場で働いているからこそなんとかやっていけているわけで。たしかに、縁もゆかりもない信州に引っ越して新しい家や仕事を探すなど、不安がるのも無理ないか。でも、ルヴァンで働けるまたとないチャンスじゃないか！！！

そんなふうに夫婦で葛藤しながら数日後、また甲田さんから電話がかかってきた。

「やっぱり調布で働いてもらえる？」

おおお！　なんという強運！　これで引っ越さなくてもルヴァンで働けるぞ！！！

というわけで、めでたく調布店勤務になったのだが、家から店まで、まあまあ遠い。パン屋は朝が早すぎるので電車通勤ができず、それまでもバイク通勤をしていた。若い頃はバイク好きで遊んでいたけど、三十代になってまた二輪車に乗ることになるとは思ってもみなかった。貧乏な修業の身なので、中古バイク屋で安く見繕った「GB250 Club Man」に乗っていた。町田からルヴァン調布店まで四十～五十分かかる道程も、そのオンボロなバイクで通うことになった。

そうして十一月からルヴァンで働き始め、寒い冬がやってきた。毎朝四時に起きて、まだ暗い中をバイクで調布に向かう。新しい職場、新しい人間関係、なかなか厳しい修業と寒いバイク通勤で、疲労が重なっていった。

## トラック

三月になり、もうすぐ春が来ようとしていた。そんなある朝の、通勤途中だった。

信号待ちのとき、前にいた大きなトラックを右側車線から追い抜こうとした。ところがそのトラックが、後ろから予測していたよりもずっと大きく長かった。なかなか追い抜けずに前を見ると、信号が青に変わる。トラックが動き始め、迷った。これは間に合わない。再度、トラックの後ろにつこうとブレーキをかけたところ、なぜか道路に砂利がばらまいてあった。その結果、滑(すべ)って転んだ。なんて運が悪いんだ……。

それまでも私は若い頃に、何度か交通事故に遭遇していた。事故に遭うと不思議と、その一瞬の間に多くのことを考えるものだ。

二十歳の頃、友人とランドクルーザーに乗って長野へスキーに出かける道でのこと。トンネルに入るとすぐにアイスバーンがあって、タイヤを取られて横転した。あの瞬間……世界がスローモーションになったことは、今でも鮮明に思い起こすことができる。そして、横にあったはずの窓が下になり、火花を散らしながら流されていくのを見て、足を巻きこまれないようにしなければと、懸命に足を下の窓から離していた。

結局、車はトンネルの壁に激突しながら、数十メートル先で止まった。

それ以前に遭遇した事故でも、私はいつでも運良くケガ一つなく、事故後もすぐに日常生活を続けることができた。

だから、このバイク事故のときも落ち着いていた。転んだあと、前に流れていくバイクを見ながら、

「この程度ならバイクは壊れそうもないな」

と安心していた。そして

「今回もきっと運が良く、転んだだけで何事もなく終わる。トラックは止まるだろう」

そう軽く考えていた。

ところがふと気づくと、私の体は大きなトラックの長いホイールベース（前輪と後輪の間）に向かって、頭から流されていた。それと同時に、トラックは止まることなく加

速し始めた。後ろから迫りくるタイヤの気配、次には轟音（ごうおん）が聞こえてきたのだ。しかし流されている体が止まらない。そのとき私は、ぼやーとした感覚の中で焦ることもなく、

「身体の滑りが止まらないなあ」

と思っていた。そのときになんとなく右手を出したら、トラックのサイドガードに当たった。それをグイと押して、上半身を逃がすことができた。

そこから先は正確に覚えていない。トラックがそのまま走り去ると、

「さすが俺！　運がいいなあ～！　この程度で済んで良かった」

と立ち上がった。

しかしこの瞬間から私は大きなパニックに陥った。立ち上がると同時に崩れ落ちた。左半身に激痛があったからだ。結局、左肩がトラックに轢（ひ）かれたようだ。

でも私には何が起こったのかわからない。倒れたバイクとともに道路の真ん中にいる。

「また車に轢かれるかも」

と焦りまくり、前から来る車を止めて右側の歩道まで辿り着いた。そのとき、対向車線でバイクに乗っていた人が助けに来てくれて、救急車を呼んでくれた。そして幸

運にも、その信号のすぐそばに、病院があった。

救急外来に運ばれたのだけれど、当番の医師が忙しいのか、激痛を抱えたまま、診察までにかなりの時間がかかった。朝日が昇って、もうそろそろ家ではマリが起きる頃だろうか。それにしても、マリになんて伝えよう。とりあえず、待合室から携帯で電話をかけた。

「マリ、ちょっと落ち着いて聞いてくれよ。大丈夫だから……、落ち着いて」

「え？　なに⁇　何があったの⁉」

「ちょっとバイクで事故っちゃってさ。今病院にいるんだけど」

「えええ⁉⁉」

そうしてすぐにマリが車でかけつけてくれた。レントゲン写真を見ながら、夫婦で医師の診断を聞く。左肩が複雑骨折、肩甲骨が割れていて、外科手術が必要だという。

動揺したマリが、医師に聞く。

「この人、パン職人なんです。手術したら、またパンを焼けるようになりますか？　後遺症は残るんでしょうか？」

医師は答えた。

「手術をしてみないとなんとも言えないですけど……。後遺症の可能性がないわけではないですね」

そのときはマリだけでなく、お腹の中のモコも動揺していたようだ。マリがお腹をおさえながら、

「赤ちゃんがすごくグルグル動き回っている」

と言った。

結局、外科手術を受け、数カ月のリハビリを経て、私はルヴァンの勤務へ復帰した。しかし、左肩にはその後長年、痛みや違和感が残り、今でも変形している。それでも、私はこうしてパン職人になることができ、モコも無事に生まれて健康に育っている。ただ、戦友であるバイクの「GB250 Club Man」とは永遠の別れとなったし、これ以降、私がまたバイクにまたがることはなかった。

この出来事で感じたことは、今でもしっかり覚えている。

「自分は事故をするはずがない」

と、それまでは強く信じていた。しかし現実は違った。

「自分はただの人間で事故を起こすしケガもする。そして運が悪ければ死ぬ」

ということをはっきりと認識するようになった。すべては偶然の産物であり、「生きている」ということさえも当たり前ではないのだと気づいた。

## O型という仮面

さらにこの事故にはもう一つ、人生の大きな転機となる副産物がついてきた。

手術の前に、万が一に備えて血液型を確認するため採血された。O型に間違いないのに、わざわざ採血するのかと思っていたのだが、看護師さんから結果を伝えられて驚いた。

私の血液型は「A型」だという。

「まさか！　私はO型のはずです！」

子どもの頃からずっとO型と言われて育ってきたのだ。A型なんかのはずはない！

「おおざっぱで、リーダーシップがあって、ポジティブで……」

そんなO型である自分が大好きだった。父親と弟と同じO型。会社員になってからは、毎朝テレビで血液型占いを見て、

「今日のO型は良いことあるぞ！」

と晴れ晴れとした気持ちで会社に行ったものだ。O型が悪い占いに当たったときはチャンネルを変えて、より良く占われたO型の運命を見てから会社に行くようにしていた。

「私がA型のはずはないんです！　おかしいので、もう一度検査してください」

看護師さんに再度お願いしてみたけれど、結果は変わらずA型だった。

その後、私は全身麻酔を打たれて手術を受けた。あとからマリに聞いた話によると、私は術後の朦朧（もうろう）とした意識の中でも、

「O型だ……A型のはずない……」

と、うわ言を繰り返していたという。

麻酔から目が覚めると、A型人間としての人生が待っていた。信じていた自分像が崩れていくことに驚いたが、徐々に、私自身が無理してO型としてふるまっていたことに気づいていく。

本来、細部までこだわりたい自分がいたのに、O型としておおざっぱに見せて物事にこだわらないようにしていた。O型らしく豪快にふるまおうと、じめじめした性格を隠し、綿密に演出していた。考えてみると、なんてA型らしい自分！　それまで、O型としてふるまいながら生きてきた三十年の人生はいったいなんだったのか？

このことを母親や姉に告げると、

「あらそう？　私もそんな気もしてたのよ～」

とのひと言。

「マジかよ～、お母さん！　小学校の頃から、提出物には全部O型と書いていたじゃないか……」

この事件で、私はO型という「仮面」をかぶっていたことに気づかされた。そしてこの仮面は血液型だけでなく、私の生い立ち、親へのコンプレックス、育った地域などなど、あらゆる環境から影響を受けて形成されたものだとわかってきた。

## 「教養人」という仮面

私の父親の渡邉家系は、学者の系統である。ところが母親の峯田家系は芸術家が多い。山形県の母方の祖父は中学校の美術の先生で、自宅にはアトリエ棟を持ち、そこで絵を描いて暮らしていた。夏休みや冬休みに遊びに行くと、パイプをふかしながら絵を描いているおじいちゃんを遠目から見たものである。

私の母は六人兄弟で、姉の洋子おばさんは中学校の英語と美術の先生。そして二人の兄、義郎おじさんと敏郎おじさんは両者ともに彫刻家であり、大学教授でもあった。タルマーリー店内のカウンターに鎮座する木彫りの招き猫を見かけたことのあるお客様もいるだろう。あの猫は敏郎おじさんが、タルマーリーの開店祝に作ってくれた作品である。

私は子どもの頃から毎年、この伯父たちが彫刻を出品している「日展」や個展を見に行った。そして母も、家族旅行の行程に美術館巡りを組みこむような人だった。

そんな環境で育ったわりに、私は姉や弟と比べて美術ができなかった。夏休みの宿題の絵がうまく描けなくて、母親がささっと手伝ってくれたら、その絵が入賞してしまった……という出来事もあった。

正直なところ、私は美術館に行って絵を見てもよくわからないし、芸術作品を見るのはむしろ苦痛だった。あげくに、そのことを父親に批判されることもあった。そのように育てられる中で私は、

「自分は感性の鈍(にぶ)い人間なのかな」

とうすうす気づいていた。しかしそのことを認めたくない自分がいて、

「芸術っていいものだなあ」

という顔をして、その場をしのいでいた。

おもしろいもので、面倒くさくても芸術に触れ続けていくと、それは「仮面」に変わった。センスもなく、芸術など追究する気もないのに、私はいつの間にか、政治学者である父親の言葉をミックスしながら、「芸術をわかる教養のある私」を演じるようになった。そしてその後、芝居は発展して「感性豊かなおもしろい私」を演じるようになった。

私の両親はひと言で言うと、教養主義者だった。しかし親が望むような教養を身に付けるためには努力が必要だった。だけど私は努力が嫌いだったので、両親の言葉をそのまま借りつつ、「教養人」の仮面をかぶった。

人間は中身がなくても、仮面をかぶって演じることができる。私はずっとごまかしながら生きてきたのだ。

こんなふうに、バイク事故で「0型」という仮面を剥がされたことを機に、私は自分がかぶっていた数々の仮面の存在に気づくことになった。

## 仮面を脱ぎ捨てるとき

仮面について考えていたら、九〇年代に読んだ『カメレオン』（加瀬あつし、講談社）という漫画を思い出した。その内容は、「チビで喧嘩も弱い人間が、ヤンキー世界で運とハッタリだけでのし上がっていく」というもの。この漫画のおもしろさは、主人公の矢沢栄作は本来弱い奴なのに、まわりが勝手に誤解して、

「あいつはすごい奴だ！」

と、評価していくところにある。

このように人間というものは、なりたい自分像を演じるために仮面をかぶり、周囲の期待に応えたい一心で、いつの間にか自分で自分を「型」にはめていく。この型ができると周囲が協力体制に入り、運だけではなく勝機をよんで要領良く危機を乗り切れる確率が、一時的には高くなるかもしれない。

しかし、真似っこやら要領の良さで乗り切れるうちはいいが、いつか苦しむときがくるだろう。そんな型では乗り越えられないような、型と「本当の自分」とのギャッ

プに直面するような、圧倒的な出来事にぶち当たったら、仮面を脱ぎ捨てざるをえなくなる。そうして型を破って、型を離れて初めて、私たちは自らの個性を認識し、成長していく。まさにこのプロセスこそが、「守破離」ではないだろうか。

ヤンキー道や自分で勝手に作った「型」と、日本の茶道や武道といった芸道の「型」とを同じように論じるのもまったく失礼な話なのだけれど。でも、自分がパン修業をきっかけに変化したプロセスは、まさに「守破離」という芸道における修業過程と通じるものがあったと思う。

私の場合、脱線しまくりの人生で、一つのことにじっくり取り組むことなくふらふらしていたから、三十一歳まで自分の型を「破」るきっかけに出会えなかった。しかし、パン修業に入って初めて仮面が剝がれた。モノ作りではハッタリやごまかしは通用しない。手を抜けば、手を抜いただけの結果が表れる。

パン修業を始めて数年間は地獄だった。私と同じようにパン作りに関してはなんの経験もないはずの新入りがいきなり良いパンを作ったりすると、驚くとともに嫉妬した。一方の私は、それまで無駄に生きてきた時間の長さを表すかのように、丁寧な仕事ができず、良いパンが作れるどころではなかった。

## 今ここで起きている自然現象に向き合う

なぜ何をやってもだめだったのか？　その理由が、今ならわかる。私のかぶっていた教養主義の仮面が邪魔をして、現場での学びを軽く見ていたのだ。

モノ作りにおいて大事なのは、今この瞬間に目の前で起きている現象を観察し、そこから学び取って行動することである。しかし当時の私は「学ぶ」方法を型にはめて勘違いしていた。「学ぶ」とは、「本を読んで先人が達した教養を理解することだ」と思いこんでいたのだ。

自然を観察して学びを得ることを知らなかった私は、目の前のパン生地に向き合うことができていなかった。

実際に私は当時、『新しい製パン基礎知識』（竹谷光司、パンニュース社）という教科書ばかりを読み、

「ここに書いてあることを全部暗記してやるぞ！」

と躍起(やっき)になっていた。しかし基礎的な学力のない私には、所詮は付け焼き刃(ば)である。

現場で得る情報のほうが圧倒的に多いのだから、それに気づかなければ、良い結果が伴うはずがない。

私がその製パンの教科書をきちんと読み解くためには、中学と高校の化学と生物の教科書を開いて一からやり直す必要があった。しかしそのような面倒くさいことは避けたいから、「何か簡単に一発で問題を解決できる方法」があれば、すぐにそれに飛びつきたい気持ちだった。それで案の定、本屋さんでよく見かける「簡単美味しいレシピ」やら、問屋さんから薦(すす)められる「これを使えば簡単に美味しくできる原材料」やらに、心魅かれていく……。

しかし私は将来、田舎でパン屋を開きたいのだ。「簡単美味しい」に飛びついてしまったら、大量生産の画一的なパンと変わらないモノしか作れない職人になってしまう。田舎でパン屋を開くとなったら、ただでさえ人口が少なくてシビアな条件なのだから、きちんとした技術がなければ勝負できないだろう。

これだけはなんとなく肌でわかっていたから、「簡単美味しい」に流れることをなんとか思いとどまって、最終的には国産小麦と自家製酵母の伝統製法で勝負する「ルヴァン」で修業することを選んだ。

しかしルヴァン修業時代の血液型事件で自分の仮面を意識し始めたとはいえ、私が真に目の前に起きている現象から学べるようになったのは、独立してタルマーリーを開き、野生の麹菌採取に挑戦し始めてからだと思う。

純粋培養の麹菌を使った発酵醸造に関しては教科書があるのだけれど、野生の麹菌を採取する方法や、それを使った発酵過程に関しては、まったく文献がなかった。だからこそ私はやっと、今ここで起きている自然現象に向き合えるようになり、その過程で「自分らしい表現」というものを感じられるようになった。

もちろん、それまで文献から積み上げてきた基礎的知識も無駄にはならなかった。そのおかげで、目の前の現象を科学的にも理解できるようになった。そして前述のように、ビール酵母でパンを作ってみたときにピンとひらめいた直観から、「タルマーリー式長時間低温発酵法」が完成したのだ。

それこそが、一人の表現者としての「渡邉格」が、「教養主義」の型を破り、離れた瞬間だった。

## 9 生き延びる力

### 個性的なパン

ここで強調しておきたいことは、私の作り出したパンは（良くも悪くも）個性的だということだ。タルマーリーのパンを食べても、けっして万人が美味しいとは思わないだろう。美味しいと感じてくれる人はむしろ少数派かもしれない。

しかし、この個性的なパンがこの世に存在していること、それこそが多様性だ。それぞれの個性を許容し、さまざまな価値観が混在している状態こそ、あらゆる人々にとって暮らしやすい社会ではないだろうか。

たとえば、私を夫に選んだマリの価値観が世の中の大半とは違ったからこそ、私がこうして存在できるのだ。マリの価値観が少数派であっても、そんな多様性のある社会で私はのびのびと生きていける。一方で、イケメンだけが「正しい」男性像になったら、世の中息苦しくなるはずだ。そのうちイケメンが定量化され、イケメン度が点数でわかるようになるかもしれない。そうなると、私など人前に出ようがなくなってしまう。

私はパン修業においてさまざまな個性を持つ人やモノと関わり、そして野生の菌という圧倒的な自然に向き合い、それにじっくり時間をかけて取り組むことができてやっと、「自分らしさとはこれだ」と気づいた。

どんな小さなものでもいいから、型を破って「自分らしい表現」ができたとき、人は満足できる。自分らしい表現ができる人が増えれば、社会はもっと風通しが良くなって、さらに多様性が生まれていくだろう。そんな社会にはきっと、型を破るためのチャンスがごろごろ転がっているし、そもそも自分を型にはめようとする必要さえなくなっていくはずだ。

それにしても私の場合、型を破るのに時間がかかりすぎた。もうすぐ五十歳になろうとする今、もう少し早く型を破れていればなあ……という後悔がないわけではない。しかし私はまだましなのかもしれない。もしかすると一生涯、型にはまったまま生きる人が少なくないのかもしれず、むしろ、この社会では型を破らないほうが生きやすいのかもしれない。

今の日本では子どもたちを型にはめるような教育が施(ほどこ)されているが、それはもちろん大企業にとって好都合だからだろう。労働者が余計なことを考えると企業運営に支障をきたし、その結果、利益が落ちて株主に損失を与えることになるかもしれない。

実際、大量生産・大量消費の画一的な社会では、労働者としてもみんなと歩調を合わせたほうが動きやすく、型どおりのほうが生きやすいと感じるようになってしまう。それに労働者は忙しくて、型を破るためにじっくり自分に向き合うような時間を持てないかもしれない。

とにかくこの現代社会で型を破ることは、非常に難しいわけだ。それでも私が型を破ることができたのは、間違いなく、パンの技術を習得するため「修業」の道に入ったからだ。

## 意外に狭い、タルマーリー採用の門

修業が「生き延びる力」の追求であるなら、まさに食べ物を作ることは生きるために必要な技術であり、この技術を磨くための過程を「修業」と呼んでいいと思う。

しかしこの技術はたんに「パンを作れる」ということだけではない。「生き延びる力」とは、パン作りを取り巻く数かぎりないあらゆる技術のことである。

私は独立するまでに、東京と横浜で約四年半、四つのパン屋で修業をしたが、最初の頃はダメな自分を直視して向き合うことができず、

「教え方が悪いし、労働時間が長すぎる！」

と文句ばかり言っていた。今それを思い出すと、あの頃の自分の幼稚さに恥ずかしくなる。

それから開業して年月を経てやっと「修業」の意味を多少理解でき、「生き延びる力」を少しは獲得できたように思う。そうして初めて、かつての修業先に感謝できるようになった。

タルマーリーでは随時、新規スタッフを募集している。しかし、都会のパン屋さんがタルマーリーの売上高を聞いたら、

「え、そんなに少ないの？」

と驚くと思う。それなのに、タルマーリーにはスタッフがうじゃうじゃいる。

「え、そんな少ない売上なのに、なんでそんなにたくさん人手がいるの？」

と、また驚かれるだろう。

私たちは新商品を作るよりも、今作っている二〇種類あまりのパン一つひとつを、より良く深めていきたいと思っている。そのためにはまず、より良い材料を使う必要がある。そしてより良い材料を追求していくと結局、加工品を仕入れるよりも、一から自分たちで加工するのがベストだ、という結論に至ってしまう。信頼できる農家からより良い栽培方法で育てられた農産物を仕入れて、それを自分たちの手で加工しようとすると、多くの人手が必要になる。

それでどんどん人を雇用したいとスタッフを募集するのだけれど、誰でもウェルカムというわけでもない。意外にもタルマーリーの採用は狭き門である。

それは、私たちの仕事がちょっと変わっているからである。これまで、就職して数カ月で辞めてしまった人も少なくない。『腐る経済』を読んだり雑誌で見たりして抱い

た理想と現実のギャップがあったのだろうか……。

実際の現場には、学校みたいに一から手取り足取り教えてくれる人はいない。山奥で、物静かな職人たちと一緒に、日々淡々と野生の菌に向き合う地味な仕事である。なので、スタッフになるかどうかは、数日の実地研修を経験してもらって、お互い慎重に判断することにしている。

## えび狩り世界選手権

思い起こすと、現在パン製造チーフの境晋太郎に初めて会ったのは二〇一六年、私とマリが山口県下関市で講演したときだった。講演が終わるなり近づいてきて、

「ぜひタルマーリーのスタッフになりたいです！」

と言ってきた彼は、ボルダリングのインストラクターとして働いていたのだけれど、『腐る経済』を読んで、「タルマーリーでパン修業をしたい！」と強く思った勢いで、すでに仕事も辞めてしまったという。奥さんと息子さんもいるのに、なかなか思い切っ

たことをする人物だなと、強く印象に残った。

「とりあえず、履歴書を送ってくれるかな？」

と伝えると、すぐに店に履歴書が届いた。早速連絡して面接の日取りを決めたのだけれど、その前にマリが、

「彼はＳＮＳなどやっていないかな」

とネットで検索してみると……「えび狩り世界選手権大会　優勝　境晋太郎さん」という記事がヒットした。記事には水着姿の写真も載っている。そうそう、この髭面（ひげづら）の笑顔が彼だ。

世界一ってすごいじゃないか！　どうして履歴書に書かないのだろう。それにしても、「えび狩り世界選手権大会」ってなんなんだ？

そこで早速、面接で彼に聞いてみた。

「世界選手権といっても、中道海水浴場という片田舎でおこなう小さな大会なんです。そんなのは経歴にはならないと思って」

「いやいや、その話が聞きたいよ！」

と私もマリも興味津々で前のめりになった。

「えび狩り世界選手権大会」は車えび養殖発祥の地、山口市秋穂（あいお）で毎年開催されてい

るという。網で囲った干潟(ひがた)に放流された約一万五〇〇〇匹の活(い)きた車えびを、約一六〇〇人の出場者が手づかみで一斉に捕まえ、捕った数を競うというもの。そして晋太郎は、自分の経験を話してくれた。

「じつは三年連続で出場して、最後の年に優勝したんです。一年目はがむしゃらにやってみたけれど、結局四～五匹しか捕れなかった。そのときは、えびを素手でさわると痛いと思って軍手をしていたんですけど、それが邪魔になることに気づいたので、次からは素手でいこうと思いました。

そして二年目は捕ることよりも、観察に徹してみました。その前の年の優勝者が出場していたので、その人を観察してみたところ、干潟の網が張ってあるエリアの沖のほうに走っていくことを確認しました。それでその人についていったんですけど、結局はあんまり捕れませんでした。

三年目は、開始時刻ギリギリまで潮の流れを観察していました。直観的に、潮の流れが強い場所にえびが集まるのではと思い、網の張ってある先のほうで波が立っている場所が潮の流れが強いのではないかと予想して、そこをねらうことにしました。

そしてスタートしてすぐに猛ダッシュで行ってみると、そこにえびが群れていました。偶然かもしれないし、他の参加者が潮の流れが強いところは捕りづらいと避けていたせいもあるのかもしれないのですが……。誰もまわりにいなかったので、もう独り占めで捕り放題で一五〇匹くらい捕れて、他の参加者と圧倒的な差をつけて優勝したんです」

この話を聞いて、私もマリもすぐに、

「採用！」

と伝えた。

## 「生き延びる力」を獲得する

野生の菌を採取してみてから私は、あらゆる変化に気づく観察力を持つことこそ職人の条件だと思うようになった。観察力がつくと、すべての仕事が楽しくなる。たとえば掃除でも、同じ場所がいつも汚れていることに気づくと、汚れないようにするために動線を変えたり道具を増やしたりと工夫する。そうすると仕事がスムーズに遂行できて、楽になる。観察力がつくと新たにやるべきことが次々に見えるから、日々の仕事に飽きることはない。そうした一つひとつの行動の積み重ねが「良い場」を作っていく。

「良い場」ができると同時に、失敗を許容する雰囲気もできる。失敗があるからこそモノ作りはおもしろいし、失敗はけっして無駄ではなく、次への糧になる。それがわかれば、時間をすべて自分のものにすることができる。

一般的には無駄だと思われるようなことにすら夢中になれる境晋太郎は、職人に必要な性質を持ち合わせていた。そして私が初めてパンの技術をすべて譲りたいと思う職人へと育っていった。そして今や私を軽々と超え、タルマーリーのパンをさらに深化させている。

私は、タルマーリーを修業の場と考えている。ここは「生き延びる力」を獲得するところだ。そこでは、「パンをレシピどおりに作る」などという技術は、全体のほんの一部でしかない。

むしろ、パンを作るための「場」や「動線」をいかに気持ちよく整え、菌と共生し、「他者と同化する技術」を獲得できるかどうかのほうが大事になってくる。そのためには、身体の動きやチームワーク、道具や機械を操る技術、大工の技術なども必要になってくるわけだ。

それに野生の菌で発酵させる場合、人間だけでなく菌こそが心地よく遊べるような場を作ることが重要である。具体的に言うと、パンの原料の生産現場やパン工房の周辺環境から、化学物質を排除する必要がある。森、川、田畑……といった里山を汚染することなく、自然環境を保全していかなければならない。そして発酵に関わる職人は、生活を取り巻く化学物質——殺菌剤、防虫剤、合成洗剤、化粧品、添加物、化学薬品など——も使わない暮らしを実践する。

自然こそが私たちが生き延びるためのエネルギーを与えてくれるから、このような暮らしによって環境が整っていくと、将来への不安が払拭されていく感じがする。

さらに将来独立してこの資本主義社会で生き延びるためには、経営や販売に関する知識や技術も必要になってくる。世の中の動きを捉えながら、自分の作った商品の価値をきちんと評価し、それをお客様にわかるように説明して、正当な価格で販売し、経営を維持していく。

## 合理的な思考を捨てる

タルマーリーの修業を通して、

「すべてをすぐに理解し実行できるようになれ」

というわけではない。体を動かし、体で感じながら、大まかになんとなく捉えていってくれればいいのだ。

しかしそのためには、合理的な思考を捨てることが大事だ。いかに早く自己利益を追求するかではなく、もっと長いスパンで大きく物事を捉えられないと、すぐに挫折感を味わうことになる。

タルマーリーのパン作りは極めて非効率的だし、一つひとつの判断基準は曖昧だし、失敗は日常茶飯事である。「一〜二年働いてパンのレシピを教えてもらったら、すぐに独立できるだろう」というふうに短期的合理的な技術獲得をイメージして入ってきた人にとっては、このような現場は苦痛でしかないだろう。結果として嫌気がさし、仕事をごまかすか、逃亡してしまう。

誰も褒めてくれないような環境で、淡々とした仕事をいかにおもしろくできるのか？それができるのは、ちょっとした変化にも目を向け、それを自分で楽しめるかどうかである。パン生地を捏ねたりオーブンで焼いたりするだけが修業ではない。掃除や皿洗いや大工など、どんな仕事にも意味はあり、それを積み重ねることで身体感覚が磨かれ、日々の自然の動きを感じられるようになる。

小さなことから全体を理解していくためには、頭でばかり考えるよりも、体で感じることが大事だ。だから、頭脳ばかりを鍛えてきた高学歴の人は、体が動かずに現場仕事に苦労する場合が多い。現代の日本人にとっては、頭よりも体で感じる割合を増やしていくことが、修業に入る身としての第一歩と言えるかもしれない。

体で感じられるようになるには、時間を忘れるほど何かに没頭する経験が大事になるように思う。子どものころは夢中になって時を忘れるようなことがあっても、大人になって社会に出るとそのような時間を持つことはなかなか難しくなるけれど、しかし職人の技術というのは本来、仕事に没頭してこそ発揮されるものだろう。

そして没頭した先に「楽しい」という気持ちが生まれる。楽しいと感じられれば上手になる。だから職人は、その仕事に関わるすべてを楽しめることが大切だ。そのために自分の体にきちんと向き合い、体の感覚を注意深く観察するのだ。

## 体は嘘をつかない

なぜ頭だけでなく体で感じることが重要なのか。それは、頭は平気で嘘をつくけれど、体は嘘をつかないからである。

私は食に携わるようになってから、味覚を通して頭と体の反応を注意深く観察してきた。そもそも「美味しい」という感覚は曖昧で、絶対的なモノではない。味覚は人それぞれに違うし、同じ人であっても体のコンディションによって変わってくる。

タルマーリーは水の美味しさを求めて鳥取県智頭町にやってきたが、水でさえも毎日注意深く飲んでいると味が変わることに気づいて驚いた。しかし冷静に考えてみると、美味しいはずの水が美味しくないときは、前の日に酒を飲みすぎて気持ち悪かったり、食べすぎて寝不足だったり、体の不調が原因になっていることが多い。

いくら素晴らしいご馳走を前にしても、体のコンディションが悪いと美味しく食べられない。体は至極正直である。

一方で、頭はやっかいである。食にまつわるさまざまな情報やその場の雰囲気に、簡単に影響されてしまう。

こんな経験をしたことがある。震災後に千葉から岡山に移転し、パンに使うあらゆる食材を徹底的により良いモノへ変えていった。そのときに菜種油も、原材料や製法などすべてリサーチをした上で選んだつもりだった。それなのに、その油を食べると私の体は違和感を覚え、舌にデキモノができた。それでその業者に何度も聞いたり調べたりしたが、問題はなさそうなので使い続けていた。

数年後、その業者がニュースに出ていた。今までうたっていた昔ながらの製法とは異なり、実際は製造工程で化学的な薬品処理をしていたとのことだった。

「ああ、あのときの体の反応は正しかったんだ」

とわかったと同時に、私の頭が体の反応よりも情報を重んじてしまったことに、なんだか腹が立った。

この現象こそがまさに、頭は平気で嘘をつくけれど、体は嘘をつかないということなのだ。

二〇一一年三月の福島第一原発の事故のあと、私たちはそれ以前にも増して口に入れるモノを吟味して選ぶようになった。放射性物質による食品汚染がどの程度広がっているのか、情報公開が十分でない中で、自己防衛するほかなかったからだ。

数年は肉や魚はあまり食べず、菜食中心の食事をした。外食をするときも、使用する素材の情報を公開しているお店を選ぶようになった。

同時に、生活における化学物質も見直してみた。お風呂で石鹸(せっけん)やシャンプーも使うのをやめた。勝山周辺には温泉がたくさんあってよく通ったが、髪の毛はお湯だけで洗っても不快なことはなかった。それは温泉の水質が良く水自体に洗浄力があったということに加え、その当時、私が肉をあまり食べなかったから頭皮に油分が少なくなったことも影響していたと思う。

歯磨き粉だけはどうしてもやめられなくて使い続けていたのだけれど、私よりずっと前に使うのをやめたマリから、

「味覚に影響するから、料理人の中には歯磨き粉を使わない人もいるらしいよ」

と言われ続け、ある日ついにやめた。すると、前より歯を丁寧に磨くようになった。そしてそのせいだろうか、それまで長年悩まされてきた歯のトラブルが嘘のようになくなったのだ。

こんなふうにして、あんなに鈍かった私の感性が、おもしろいほど鋭くなった。体の変化を敏感に察知できるようになったのだ。

## 生涯、修業の身

私はパン職人からビール職人へ転向して、時間的な余裕が出てきた。パン作りは毎日忙しかったけれど、ビールの仕込みは月に二〜三回でよいから、以前よりも読書や映画鑑賞などができるようになった。しかし人間というものは、余裕があると余計なことを考えがちだ。スタッフのやる気が落ちている？　とか、マリが不機嫌？　とか、店の売上が落ちている？　とか……。

こうして体を使う仕事が少なくなり、経営の都合を考える時間が増えると、スタッフに無理を強いる可能性が出てくる。これは問題だ。経営者として事業体を維持せざるをえない中で、若いスタッフの体力に甘え、過剰に働かせてしまうことはおおいにありうる。

体のつらさは、頭ではわからない。頭は現実よりも未来を見てしまう。頭で立てた予定を実行するのは体である。自分で体を動かさないと、体の限界がわからなくなってしまうので、予定に見合った結果を求めて、つい無理な労働をさせてしまうことになる。

だから私は今でも、いくら頭脳労働が忙しくとも、職人として体を動かし続けている。ビールを仕込んだり、新しいカフェのＤＩＹをしたり、体を動かす仕事は、未来を考え不安になっている自分に現実を見せてくれる。

壁の解体に没頭していて、十七時の鐘が鳴るとはっと我に返る。所詮、急いだところで、できる仕事にはかぎりがある。体は人間の能力の限界を教えてくれるから、ゆっくり楽しみながらいこうと思えるのだ。

それに、体を動かしたあとは酒も飯もうまいし、その爽快感と幸福感は、頭脳労働だけでは得られない。それに、体を動かしているスタッフの心の動きと同調しやすくなる。

心にもいろいろ定義があるだろうが、私はバイク事故や、誰かとともに体を動かしてモノ作りをすることで、自分の弱さを認識した。そして、妻や友人に頼るようになり、心を獲得してきたように思う。だから心は人と人のあいだにあるものだとイメージしている。心は、人と関わって初めて生まれるのではないか？

しかし現実社会においては、「頭脳労働者」と「肉体労働者」は分断されている。頭脳労働の業界にはいわゆる学力の高い、組織的体系的な問題解決能力の高い人間が入り、彼らが組み立てる仕事によって、肉体労働者は低賃金長時間労働を強いられている。このように、「頭脳労働者」と「肉体労働者」のあいだには溝があり、心が通っていない。第2章「菌との対話」（五六、七頁）で述べたように、常に変化する自然同様、自らも変化していかないことには、現実と自分のあいだにズレができる。こうしたズレや「頭脳労働者」と「肉体労働者」の溝から、この分断と格差が生まれ、さまざまな社会問題につながっているのではないだろうか。

自分の経験を振り返ってみると、自然とも菌とも他者とも機械とも、あらゆるものと心を通わせること、体を動かして現実を見据えることで、一番生き延びる確率が上がるなと思う。だからこそ私は生涯、自ら職人でいたいと思っている。そしてそれこそ修業の意味だと思う。

参考資料

- 「共生のルネサンス——人類史における障害のある人々の位置」鈴木勉
http://www.fukushi-hiroba.com/magazine/book/essay/yosinasi/sympo_yousi1609.pdf

# 第5章

# 源泉を探る

# 10 井戸を掘る

## DIYの本を読み漁る

話はかなり遡るが、二〇一一年三月十一日に起きた東日本大震災のあと、千葉県いすみ市のパン屋タルマーリーを五月三十一日に閉店し、私は早速その翌日に岡山県に行った。とにかく次の新しいパン屋を早く立ち上げたくて、早急に物件を探そうと焦っていた。

物件の条件は、麹菌が採取できそうな古民家で、きれいな水が手に入ること。なので、県南の岡山市を起点に、水を飲み歩きながら物件探しを始めた。房総に比べると岡山市は街中でも驚くほど水が美味しかったが、より良い水を求めていくとどんどん北上し、山のほうに入っていってしまった。最終的に岡山県の最北端である蒜山の水が最良であるという結論に達した。

しかし蒜山地域は雪深くて冬場の集客が難しいと聞いて、結局山の麓に降りたところの真庭市勝山の古民家物件に出会ったときは六月半ばだった。大家さんと協議した結果、その物件で法事が終わる十二月から借りられるということになった。

さて十二月までの五カ月間、何をしよう？　バイトをするか？　それともパンの研究をしようか？　いろいろ思案したが、結局私は新たな店づくりに向けてＤＩＹの本を読み漁ることから始めた。

千葉での店作りにおける自分のウィークポイントを分析してみると、素人大工の技術不足を補うための大工道具が圧倒的に足りていないと思った。そこで大工道具の本を購入して読みこんで、ヤフオクで中古の道具を買っていった。

何か一つの物事に集中しているときこそ、それに関連することにふと出会ったりする。ある日、図書館で本を物色していると、『手づくり井戸に挑戦！　自分で掘れる打ち抜き井戸』（曽我部正美、文葉社）という本に目がとまり、「これだ！」と直観した。今やるべきことが見つかった。せっかくきれいな水を求めて西日本にやってきたのだ。震災でライフラインが断ち切られる恐怖を味わったということもあり、井戸の掘り方を習得できれば最強ではないか？　と思った。
しかし素人がいきなり井戸を掘って、はたしてうまくいくのだろうか？

## 遺跡発掘の原体験

じつは私には古い井戸を掘り返した経験があった。二十二歳のときに一年ほど、東京都日野市で遺跡発掘のバイトをしたときのことだ。ここでの経験がけっこう、その後の人生で大きな意味を持つことになる。この遺跡発掘バイトでは多種多様な人々に出会った。考古学の先生たちはもちろん、ヤクザから作家になった安部譲二さんと同じ組筋にいたというおじさんや、山梨の有名暴走族の特攻隊長だったお兄さんなど、社会勉強にはもってこいの現場だった。まるで社会性がなかった私は、そこで先輩方にドつかれながら成長した。

発掘現場での男性の仕事は、大きな穴を掘ったりダンプで土を動かしたりすることだった。女性たちは、土の色の違いを見極めながら少しずつ表土を削り、異物を見つける。それを考古学者が確認して、刷毛を使いながら、土と同化しかかっている異物や柱などを採取していく。

ある日、考古学の先生が叫んだ。

「これは大きいぞ！　渡邉！　ここを掘れ」

言われるままにシャベルで掘ると、石が出てきた！　先生が、

「これは江戸時代に使われていた井戸だろう」

と言った。

「これが井戸なのか～⁉」

と疑いながら掘り進めていくと、丸い石の枠組みが出てきた。

そこから一～二カ月かけて石組みの井戸を発掘していった。石組みが一段出てくると、女性陣が刷毛を使って石の間に詰まった土を丁寧に掻き出していく。それを先生が図面に落としていく。そして男性陣がまた掘る。そのような作業だった。

正確に覚えていないが、五～八メートルくらい掘っただろうか？　すると茶碗の破片や馬の骨、位牌などが出てきた。すると先生が、

「これ以上掘ると危険だ」

と言ったので、発掘はストップした。私はもっと掘りたかったのだが……。

しかしその次の日現場に行くと、先生の言ったとおりに本当に穴が崩れていて、あれ以上掘ったらケガをしていたかもしれないと思うと、ぞっとした。

## シャベルで穴を掘る

若い頃にこのような経験をした身としては、自力で井戸を掘って完成させる自信があった。それも「打ち抜き井戸」という、細いパイプをつなぎながらパイプの分だけ土を掘り出していく方法だ。要するにそんなに大きな穴を掘る必要はないのだ。

早速、勝山の物件の大家さんに、

「井戸を掘りたいので、庭に入らせてくれませんか」

とお願いしたところ、快諾をいただいた。そこですぐに、本に書いてあるとおり、打ち抜き井戸を掘るための道具を作って掘り始めると、すぐに石にぶつかった。仕方がないので他の場所を掘ると、また石にぶつかる。勝山の町並みは川沿いにあり、土中には石が多く存在していた。現実社会は教科書どおりにはいかないものだ。何度掘りなおしても同じこと。石をよけながら細い管を通すのは至難の業だと悟った。

すぐにネットで調べると、石の多いところは打ち抜き井戸の方法では難しく、シャベルで掘るしかないとのこと。私はそれに従って、シャベルで穴を掘り始めた。一日も掘ると、腰まで埋まるくらいの穴になるが、狭いと身動きが取れなくなるので周辺を広く掘っていかなければならない。さらに二〜三日掘ると、完全に私の身長全部が埋まるくらいの穴になり、その周辺から大岩が次々出てきて、どうしたら良いのかわからなくなった。近所の設備屋の社長さんに聞くと、

「三脚を組んでチェーンブロックという機械で、岩にチェーンを巻いて引き上げて外に出すしかない」

との助言をいただく。

早速、大きな岩をチェーンブロックで吊りあげて穴から出しながら掘り進めていくと、ついに地中三メートルくらいの深さまで到達した。穴の中から天を見上げると、ずいぶん掘り進めたなあと達成感を覚える。しかしごつごつとした大きな石が穴の壁から飛び出しているのを見ると、それらが穴の底で掘っている私に落ちてくる危険性を感じて怖くなってくる。そこでまた先の社長さんに質問すると、

「井戸輪を落としながら掘りなさい」

と教えてもらう。

井戸輪とは、ちくわ状のコンクリートで、スーパーマリオが異世界に入るときの土管のようなものだ。これを穴の中に落とし重ねていくとコンクリートの壁ができて、穴が崩れない。なるほど！　そこで早速、井戸輪を購入して穴の中に落とし、その輪の中に入りながら土を掻き出していく。土を掻き出すと井戸輪の下の土が無くなり、自重でそのまま下へ落ちて行く。

そうして井戸輪の長さ九〇センチが沈みこんだら、次の井戸輪を上から重ねていく。直径九〇センチの狭い井戸輪の中で、シャベルで掘って、チェーンブロックに吊るしたバケツの中に土を入れる。そうすると、地上にいるマリが上に引っ張り上げてバケツの土を捨て、再びバケツを穴の底にいる私に戻す。これをひたすら繰り返していく。

しかし狭い井戸輪の中ではどうも、今まで使っていたシャベルの使い勝手が悪い。ここで一計を案じる。シャベルの柄を短くすれば良いのではないか？　早速、木の柄を切って短く改良してみると、使い勝手は最高！　狭い井戸輪の中でも柄が壁に当たることがなく、格段に生産性が上がった。

## 穴の中で思いを馳せる

そうして一日も掘り進めると、最初は土も混ざっていた層が、信じられないくらい輝きをもつ砂だけの層に変わった。上から差しこむ太陽の光に反射して、砂金のようなモノがキラキラ輝いていた。その美しさにしばらく呆然とした。

太古の昔から土を作ってきたのは菌類だが、砂というものは大きな石が風雨にさらされたり川の中を流れながら砕け散ったりして、何百年もかけてできたのだろう。それにしてもこのような美しいものを作るのだから、自然の仕事は素晴らしい。同時に、

「これが砂金だったら金の塊でも出てくるかな」

などと邪(よこしま)な考えが浮かぶ。しかしそういう邪な考えをもつと、地中に存在するガスの層にぶつかって死んだりするかもしれない……。ふとそんな思いがよぎって怖くなる。土の中に一人でいると、いろんな想像が頭に浮かんでは消えていく。こんな時間はなかなか貴重で、何物にも代えられない経験だと思った。

しかしそれも、地上に誰かがいればこそ、である。ある日マリが夕食を作るために、

車で十分の距離の仮住まいに帰ったあとも、私一人で掘り続けていたことがあった。地中深く五メートル以上にもなると手持ちのはしごでは届かないので、地上に上がる手段は上から垂れ下がる一本のロープのみという状態だった。

まるで蜘蛛の糸みたいな生命をつなぐ一本のロープ。これが切れたら奈落の底か⁉　そんな状態だった。しかし掘ることに没頭すると状況判断などできなくなる。自分自身の体力の状況すらわからず、いざロープで上がろうとしたそのとき。

上がれない……。

「まさか⁉　自分の身体がこれほど重いとは」

自分の身体を持ち上げる腕力くらいは残っていると高をくくっていた。しかし腕が上がらないほど疲労している。それならと足をかけて上がろうと試みたが、井戸輪の壁がツルツルしていて足がかからない。つまり腕の力だけで登るしかないという状況だ。

さすがにこれには焦った。井戸の底でしばらく休み、体力の回復を待った。時間をかけてようやく井戸の入り口にしがみ付いてよじ登ったときに、ひらめいた。そしてすぐにロープを縛って玉を作った。これで足が引っかかるようになるから、明日からはもっと登りやすくなるぞ。きっと人間はこのように道具を進化させてきたのだなと、思いを馳せる。

## 水が出た！

さて、翌日も砂の層を掘り進めていくと、少し湿った層に入った。もしかすると水の層が近いか？　と思ってシャベルを入れると、水が湧き出てきた！　少し掘るとどんどん流れこんでくる。

「水が出た！！！」

と、地上にいるマリに伝えると、彼女は下を見下ろして、

「うわっ、まるで破水みたい！　すごーい！！！」

と叫んだ。

私は感動して、すぐに井戸の中から這（は）い上がって、マリと抱き合って喜んだ。そして作業をやめて、

「お祝いにビールを飲もう！」

と言って、そのまま酔っぱらって寝てしまった。

さて翌朝、また作業を再開したが、どうも様子がおかしい。掘るほどに砂が流れこんできて、一向に井戸輪が沈んでいかないのだ。なんだ、これは？　早速、例の設備屋の社長さんに聞いてみると、

「砂が流れてくるような層では、水が出たらそのときに井戸輪を落とすように、一気に掘り進めなければいけないんだよ。そうしないと水が砂を引きこんで井戸輪が落ちなくなってしまうんだ」

とのこと……。

結局、その井戸は使えずじまいだった。だから、後に埋め戻した。ちなみに、井戸輪の代金が一〇万円ほどかかった。

しかし掘り出した砂があまりにもきれいだったのでこれはもったいないと思い、そのあとに自宅のお風呂を作るときに活用した。砂とセメントを混ぜて洗い場を作ったのだ。というわけで、この井戸掘りの収穫は、掘り出した砂だけだったといえるかもしれない。それに結局はその後、毎週パンの仕込みに使う二〇〇～四〇〇リットルの湧水を、車で片道五十分ほどかかる蒜山の「塩釜の冷泉」まで汲みに行くことになった。

こんなふうに、せっかくのお金と時間と労力を使った私の井戸掘り体験は、世間一般には無駄なことだったと評されるだろう。しかしこの無駄のように思える失敗は、たまに酔いの席で笑いのネタになったというだけでなく、その後、道具や機械について考えるきっかけになった。

## 井戸、再び

この井戸掘りから九年後の二〇二〇年、古い町並みが残る智頭宿(ちづしゅく)に、もう一軒の新しいカフェを立ち上げるために空き家物件のリノベーションを始めたのだが、ここではプロの井戸屋さんに頼んで井戸を掘ってもらった。するとなんと、プロはたった三日で一五メートルも掘削(くっさく)して、水が出た。そして価格も二十五万円ほどだった。自分で掘ると五〜六メートルが限界な上に一〇万円もかかったことを思い起こすと、なんと非効率なことをしたものだろう……。

しかし井戸屋さんが掘って水が出たときのうれしさは、自分で掘ったあのときのシビれるような感動とはたしかに別物だった。比較して初めてわかったが、身体を使って感じる喜びは、身をもって体験しなければ得られないのだ。

さらにこの物件で、カフェにする部屋の床を剥いでみると……なんと昔の井戸が出てきた！　ご近所のお爺さんが、

「子どもの頃、このあたりに井戸があった記憶がある」

と話しておられたので期待していたのだが、本当に出てきて感激した。蓋を開けてみると、なんと！　石積みの井戸が姿を現した。やはり昔の人の仕事はなんともいえない格好良さだ。

ポンプをつないで一時間も水を汲み上げると底が見えてくるのだが、かろうじて枯れることなく底面からぼこぼこと水が湧き上がってくるのが見える。不思議な光景だ。この源泉を探ってシャベルで底をさらうともっと水量が上がるかもしれないと思うのだが、正直いうと今の体力では井戸に入っても這い上がってこられるかどうかわからないなと躊躇して、やめた。

いずれにしても、部屋の真ん中に昔の井戸があるという前代未聞のカフェになりそうだ。この井戸の中が見えるように透明な板を載せてそのままテーブルにして、正真正銘の井戸端会議ができるようにしようと企んでいるところだ。昔の人たちが作り出

した躍動感をそのまま残したこのカフェは、パンやビールと同じように、タルマーリーの世界観を体現した空間といえるだろう。

# コラム

## おむつなし育児

### これは何かの苦行か？

かつて人間が自然とともに生きていた時代に存在した技術や道具を取り戻すことで、じつは私たちの仕事や暮らしはもっとラクで楽しくなる。私たち夫婦はこれまでのパン作りと子育てで、そう実感してきた。

パン作りについては後ほど詳しく述べるとして、子育てで非常におもしろかった経験についてぜひ話したいと思う。

千葉県でパン屋を始めて二年目の二〇〇九年に生まれた息子のヒカルはアトピー体質で、当時は身体中が赤くかぶれていた。オムツのあたるお尻もひどくかぶれていて肌触りのかたい紙オムツではかわいそうで、マリはなるべく柔らかい布オムツを使うようにしていた。

しかしヒカルはなぜか一日に何度もちょびちょびとウンチをするので、新しい布オムツに換えてもすぐにまた換えなければならない。しかも下痢症で、オムツからはみ出して服も全取っ換えしなければならない場面が多く、洗濯物の量もかなり多くなってしまう。ヒカルをおんぶしてパン屋の仕事をしながら、さらにオムツ換えに苦戦していたマリは、

「まるで部活の筋トレだよ。これは何かの苦行か？　これをがんばって乗り越えたら、将来何か良いことがあるのか？　いや、きっとあるにちがいない！」

などとぶつぶつ言いながら、かなり大変な様子だった。

そんなとき、ふと立ち寄った自然食品店でマリが、『赤ちゃんにおむつはいらない』（三砂ちづる編著、勁草書房）という本を見つけ、それを読んだ彼女はすぐに行動を開始した。いわゆる「おむつなし育児」である。

この本によると、現代では赤ちゃんはオムツで排せつするのが普通になっているけれど、昔は首のすわらないうちからオムツに頼らず、おまるなどで排せつさせていたのだそうだ。それを知ったマリは言う。

「そうなのか～！　ずっと不思議だったんだけど、(ドラマ『おしん』で)おしんが布オムツを川とか井戸で洗ったりしてるのを見て、昔の人は洗濯機もないのに布オムツで大変すぎると思ってたんだけど。そもそも布オムツは補助的なモノだったんだね。謎が解けたわ」

オムツをしていると赤ちゃんがいつおしっこをしているのか私たちにはまったくわからないけれど、この本にはいくつかのヒントが書いてあるそうだ。まず、赤ちゃんは寝ている間にちょびちょびおしっこをしているわけではなく、目覚めたときにするのだという。

**育児が楽しい！**

というわけで早速、ヒカルが朝起きたらすぐにオムツを外して、素早く庭に抱いていく。すると本当に、シャーッとおしっこをしたのである！

「おお～おもしろい！！！」

そしてもちろんウンチも！　である。

「うんうん……」

とヒカルがウンチしたそうになったら、すぐにオムツを外して「ホーローおまる」に座らせてみると、見事にウンチをしてくれた！　この瞬間、私にはある種の感動が沸き起こった。

「わー、すごい！　おもしろい！！！」

　赤ちゃんの排せつのサインを親がキャッチして、おまるに座らせると、ちゃんと排せつしてくれる。この排せつを通したコミュニケーションが思いのほか楽しかったのだ！　とくに父親としては、おっぱいをあげることもできず、どうも育児に主体的に関われない感じがあったのだけれど、おむつなし育児を実践してみて初めて「育児が楽しい！」と思えたのだった。

　しかもオムツに頼っていたときは、ヒカルはあんなに一日に何回もウンチをしていたのに、おまるで排せつするようになると、気持ちよく一日一回で済むようになった。大人だってオムツに排せつすると考えるだけで気持ち悪い。赤ちゃんも本当はオムツではなくおまるやトイレで排せつするほうが気持ち良いにちがいない。

　そんなある日、保育園のお迎えから帰ってきたマリが話してくれた。

「おむつなし育児のこと、保育園の園長先生に話したらね、『そうそう、昔は一歳までにオムツが外れないと親として恥ずかしいって言われたらしいのよねえ。おばあちゃんから聞いたことあるわ』って言うの！　本に書いてあることとまったく一緒！　園長先生、それを知ってたのなら、もっと早く教えてくれたらよかったのに！　それにしてもこの地域にもそういう文化が、ついこの間まで残っていたんだね。東京で生まれ育ったうちのおばあちゃんは知っていたのかなあ。少なくともお母さんは、そんなこと全然知らないと思う。田舎のほうが昔ながらの文化が残っているのなら、都会より田舎のほうがずっと可能性を感じるね」

なるほど。「三歳用オムツ」なんて商品があるから、そのくらいまでに外せばよいのかな？　と思ってしまっていたけれど、ここ最近にできた常識に流されていたことに気づいた。まるで「ビールは鮮度が命！」という言葉と同じように、資本主義の論理で「商品をいかにたくさん売るか」という目的で作ったキャッチコピーが、いつの間にか常識になってしまったということだろうか。

## コミュニケーションを邪魔するモノ

それにしてもなぜ人間は、先人たちが積み重ねてきた知恵を簡単に捨ててきたのだろう。その理由の一つは「便利さ」という誘惑だったのだろう。しかし私たちは本当に「便利さ」を手に入れたのだろうか？

少なくともオムツに関して、昔の技術を取り戻すことは良いことづくめだった。その後、ヒカルが一歳半のときに東日本大震災が起こったのだが、私たちはすでにオムツに頼らない方法を知っていたから、世間がオムツ不足で騒いでいたときも不安にならずに済んだ。

それに親が「赤ちゃんの排せつのサインを常に気にする」という意識のスイッチを入れるだけで、排せつを通したコミュニケーションが生まれ、私もマリもそれで初めて子育てが楽しいと思えるようになった。やはりどんな物事も、コミュニケーションが楽しみを深めていくのだろう。

私はそれからもずっと発酵の職人を続けてきたことで、「どんなモノとでもコミュニケーションは取れる」と確信するに至った。しかし、モノとの「あいだ」に何かが入ることで、コミュニケーションを邪魔されることがある。

つまり、赤ちゃんとの排せつを通したコミュニケーションを邪魔するモノが、「あいだ」に入るオムツだった。オムツは本来、万が一、大人が赤ちゃんの排せつをうまく補助できなかったときのために、身体と外界との「あいだ」

を遮(さえぎ)る機能を持った道具だった。たいていの道具は、何かと何かの「あいだ」に位置し、両者をつなぐために生まれたはずだ。しかし現代になって、「あいだ」となる道具に頼りきって、本来のコミュニケーションを忘れてしまっている例は多くあると思う。

「おむつなし育児」という方法を知ったのは二番目の子であるヒカルが八カ月の頃で、もっと早くに知っていれば上の娘のモコにも実践できたのにと悔やまれたが、モコが赤ちゃんの頃に住んでいた東京都世田谷区のマンションという環境ではどのように感じられただろうか。ヒカルの場合は千葉の田舎の大きな庭のある家だったから、おまるやトイレだけでなく、ひょいっと庭に連れていけば気楽に排せつをさせることができた。つまり、昔の技術を掘り起こして実践するには、かつての環境までを含めて取り戻すほうがやりやすいのはたしかだと思う。

千葉で開業してから、直観的にこのようなことに気づき始めて、結局その後に麴の採取できる昔ながらの自然環境を求めて、引っ越しを二回も繰り返すことになった。

# 11 パンの源泉1 原料

## いったいパンとはなんなのか？

マリは母親として、母乳育児や布オムツといった自然育児をいくら実践してみてもどこか苦しかったのに、「おむつなし育児」を知って初めて楽しいと思えたという。その経験と似ているのだが、私はパン職人として、かなり長い間パン作りが苦しかった。その原因はパンの源泉や源流をきちんと理解できていなかったからだと思う。

ここでいう源泉とは、始まりの点というような意味である。つまりパンの源泉とは、パン生地を作るときに最低限の基本となる原料、つまり菌、小麦、水、塩である。

しかし単に原材料をオーガニックや自然栽培に変えたらよい、という次元の話をしたいわけではない。源泉とは素材の生命が生まれるところであり、周囲の環境が重要になる。つまり、歴史的、文化的背景や自然環境の変化など、それを取り巻くすべてを包括しながら探っていかなければならないものである。

今ではシンプルに感じられるけれど、私はパンの源泉に気づくまでには長い時間がかかった。それは修業時代から「それだけで美味しい」と感じられる完成形をめざす癖がつき、その流れに乗り続けていたからだと思う。

日本の一般的なパンの生地には、牛乳やバター、卵、砂糖といった副材料が多く使われている。その生地を使って、さらに詰め物やトッピングをした、あんパン、クリームパン、メロンパン、デニッシュなどが定番で人気の商品だ。私がパン修業を始めた頃も、そして今も、そのような「それだけで美味しい」という完成形をめざしたパン作りが主流だし、私もそのことに疑問を持つことなく起業した。そうしてそのまま「パンのうまさ」を追求し続けていた頃に、友だちの料理人に自分の作ったパンを送ると、「パンだけのうまさを出そうとしすぎているから、料理と合わせにくい」という評価をもらった。私にはそれがどういう意味かわからず、「それなら、うまいパンに合わせたうまい料理を作れよ」などと思っていた。

しかし智頭に移転した頃からやっとその意味を理解できるようになり、今ではこうして脇役としてのパンを作るようになっている。

「それだけで美味しい」という完成形のパンは、食事の時間が短縮されるにつれて発展していったのではないだろうか。いわゆるファストフードだ。しかしそれだけで完成しているモノは排他的になる。バターたっぷりのクロワッサンにはかろうじてあっさりした野菜料理などを合わせられるかもしれないけれど、メロンクリームパンともなると、もはや何を合わせたらよいのかわからなくなる。

このように完成形をめざしてきた日本のパンは、さまざまな料理と一緒に合わせるという文化を育ててこなかったように思う。そして源泉であるパン生地の基本材料を追求するよりも、菌の純粋培養技術や、製パン性を高める小麦の製粉技術や品種改良といった方向に向かった。

いったいパンとはなんなのか？　私はこの流れに乗っていていいのか？

本来は、野生の菌を採取したときから、源泉となるパン生地に関わるものを、時代を遡って見直さなければならなかった。そしてその時代の技術を正当に伝える道具や機械を選び取ることが必要だったのだ。

## 三〜四日かけて一〇キログラムの小麦を挽く

パン作りの源泉とはなんであり、源流はどこに向かって流れているのか？

パン屋になったばかりの当時は何ごとにも自信がなかったけれど、それらを探ることが糧（かて）になる、ということだけは直観的に理解していた。そしてそのことに気づくために、私の飽きっぽい性格が役に立った。

私は若い頃から何をしても続かなかったから、深いところにある何かを探るどころか、入口に立つことすらできていなかった。趣味も仕事もあらゆることを甘く考えていたように思う。パン作りに向き合って初めて、自分には才能がないと気づいたからこそ、かえってそれにのめりこんでいった。

とくに、自家製天然酵母と国産小麦のみで作る「ルヴァン」のパン作りは、教科書どおりの理論でパンを作ろうとしていた私の前に、大きな壁として立ちはだかった。それまで二年近く続けてきたパン作りが、何もわからなくなった。しかしこれがかえって「飽きる」ということすら忘れさせてくれた。

結局私は、約五年の間に四カ所のパン屋で修業して、独立した。まだ中途半端な技術しか持っていなかったが、人生においてパン作りという仕事がけっして自分を飽きさせないという自信を持つことができた。野生の菌という自然界の不安定さこそが、自分の仕事を持続させると確信が持てたのだ。安定を求める科学技術より、不安定な自然法則に近いものがいい。それがパン作りの源泉であると直観していた。

二〇〇八年千葉県で開業したタルマーリーは当初、「農あるパン屋」と銘(めい)打った。このコンセプトを打ち出したマリはそもそもパン屋になりたかったわけではなく、大学時代から地域の農産物を加工する農産加工業者になりたいと強く思っていた。

そんなマリの想いを受けて、パンの材料となる農産物を加工しなければならない。つまり、地域の農家に小麦を生産してもらい、それを小麦粉にしなければならないから、製粉機という機械が必要になった。

開業時は資金もわずかだったし、どの程度の生産量が必要なのかもイメージがつかない。そこでまずは、一〇万円ほどのごく小さな石臼(いしうす)製粉機を購入した。が、その製粉機はかなり能力が低く、石臼を回して製粉している間、人間が三十分に一回は面倒をみないといけない代物だった。とくに湿気が多いと小麦が粘って詰まる……。そんな日は三~四日かけて一〇キログラムの小麦を挽(ひ)くのが精いっぱいだった。

さらに、製粉をする前の小麦の下準備も、当初はすべて手作業でやっていた。たとえば、小麦を乾かすために、天気のいい日はブルーシートを広げて天日干しをする。そして小麦に混じっているゴミや雑草の種を取るために、手で選別したり、ザルに小麦を入れて下から扇風機の風をあててゴミを吹き飛ばしたり、と工夫した。扇風機を使う方法では目にゴミが入って真っ赤に腫れる始末だった。その頃はパンを焼いて売る営業日は金・土・日曜日の週三日だけだったのだけれど、月・火・水・木曜日はずっと小麦と向き合っていたといっても過言ではない。

　こんな調子を二年近くも続けてやっと、精米機を使えば一発で選別できることを知った。表面を適度に削って外皮と一緒にゴミを吹き飛ばしてくれるタイプの精米機を買ったらこれが最適で、今でもその機械を使っている。

　ちなみにあの頃は小麦を保管する大型冷蔵庫がなかったから、小麦に虫がわくのを防ぐためにペットボトルに入れて保管していた。今ではさすがに、あの頃より大量の小麦を扱うから大型冷蔵庫に保管しているのだが、小麦には六月以降にヨトウムシが発生するということや、それに対する管理の仕方について身をもって理解できたのは、千葉での手作業のおかげだ。

## 小麦とのコミュニケーション

このように開業当初に、パンの材料となる小麦の粒と手でコミュニケーションをとったことは、大きな財産となった。

千葉の農家から仕入れる小麦は、その年によってグルテンの含有量が多かったり少なかったりしたのだが、それも小麦粒の色を見ればわかるようになった。そのおかげで、グルテンが少ない小麦であってもパンにできる方法を見出すことができた。だから今も、タルマーリーではグルテンが多くない岡山産と九州産の小麦だけでパンを作っている。グルテンが多いとパンは膨らみやすいが、歯ごたえが強くなる。グルテンの弱い小麦を使うことで結果的に「さくっと歯切れのよいパン」という評価をもらえるようになった。

私がパン修業を始めた頃は「グルテン量が多くないとパンが作れない」という考えが席巻していた。「パン用小麦＝グルテン量の多い小麦」だから、国産の小麦を使うなら本州産よりグルテン量の多い北海道産小麦でなければいけないというのが常識だった。

しかし私は小麦とコミュニケーションをとるうちに、パン作りに大事な要素はグルテン量だけではないと気づき、パンの小麦の性質と扱い方がわかってきた。グルテンが弱い小麦であっても、栽培における肥料のあげ方、製粉の仕方、パン生地のミキシングの仕方などで補えば、立派なパンになるのだ。

窒素肥料分の少ない環境で栽培された発酵に適した秋播き小麦を使い、小麦そのものが持つエネルギーを殺さないように挽きたての小麦粉を使う。そしてグルテン膜を傷つけないミキシング技術を用いることも重要である。そのときに培った技術が、グルテンをグルテニン（コシを出すタンパク質）とグリアジン（伸びを出すタンパク質）に分けて捉えてミキシングする方法である。これも後に「タルマーリー式長時間低温発酵法」の中核をなす技術となった。

とはいえ、当時の小さな製粉機では時間がかかりすぎて私一人では手が回らず、マリの母にまでドライフルーツのカット作業をお願いする始末だった。しかし開業して一年でやっと「このままではやっていけない」と悟り、思い切ってオーストリア産の大きな石臼製粉機を買った。すると、それまで三〜四日かかっていたところが、一日に一〇キログラムの小麦全粒粉を挽けるようになった。その生産性の向上は明らかで、何よりも良い小麦粉が挽けるようになった。そこから非常に仕事が楽になり、製粉が間に合わなくて臨時休業するなんてことはなくなった。

その石臼製粉機はその後も十年近く稼働してきたが、現在はお休み中である。なぜなら、今ではさらに大規模なロール製粉機を導入しているからだ（巻頭口絵の三頁参照）。石臼製粉機では全粒粉しか製粉できなかったのだが、ロール製粉機は白い小麦粉を製粉することができる。

前述のとおり、岡山では店の低い天井に合わせて、低予算で自ら改造したためにうまく稼働せず、ネズミーランドになってしまった。しかし智頭に移転して製粉機を設置できる天井までの高さ六メートルの部屋を確保し、プロの業者である長野県の柳原製粉機さんに改造してもらい、ついに夢の製粉システムを確立することができた。結果的に六〇キログラムの白い小麦粉を約二時間で挽くことができるようになった。

今はパンに使う小麦粉の全体使用量のうち、二割を自家製粉でまかなっている。自家製粉する小麦は、智頭から一つ峠を越えた岡山県津山産の小麦である。そして残りの八割は、大手製粉会社である熊本製粉の九州産小麦粉を使用している。

ほとんどすべてのパンに自家製粉の小麦粉を使用していて、パンの種類によって配合比率はそれぞれ、焼き菓子やピタは一〇〇パーセント、ピザやバゲットは四〇パーセント、他のパンは約二〇パーセントである。今後はもっと自家製粉小麦粉の使用率を上げていこうと思っているが、そのためにはさらなる技術革新が必要だ。

## 目に見える大きさの小麦粉を使う

タルマーリーで自前の製粉機を導入した当初の目的は、地域の農家が生産した小麦を使って地域内循環を実現するためだったが、実際にやってみると思わぬ気づきがたくさんあった。

まず一つめは、小麦粉の細かさ、粒度(りゅうど)についてである。製粉の際には小麦粉の細かさを揃えるために、小麦を粉にしたあとにふるう。そのときの篩(ふるい)の目の細かさはメッシュ数という数値で表される。たとえば現在タルマーリーで使用している熊本製粉の「南のめぐみ」という小麦粉のメッシュ数(一インチ=二・五四センチメートルの間にマスがいくつあるかを表す)は一七〇メッシュ(八八ミクロン=〇・〇八八ミリ)。一方で、タルマーリーの製粉機は昭和に設計された機械なのだが、この製粉機で挽く小麦粉は一二〇メッシュ

（一二五ミクロン＝〇・一二五ミリ）である。人間が目で見ることができる限界は〇・一〜〇・二ミリだとのことなので、タルマーリーで自家製粉した小麦粉の粒はかろうじて見える範囲だ。感覚的なことだけれど、作り手の私としては、やはり目に見える範囲の材料を使いたいし、食べたいと思っている。

ちなみに現在流通している一般的な小麦粉は二〇〇メッシュ（七四ミクロン＝〇・〇七四ミリ）と言われている。小麦粉は昔よりもどんどん細かくなっているのだ。それは、よりふわふわなパンやケーキを求めた結果である。

とくにパン作りで言えば、純粋培養菌を使うと発酵時間が短くパサパサ粉っぽいパンになってしまうので、それを改善するためにより粒度の細かい小麦粉が求められていった。小麦粉を細かくするほど表面積が増えるため、より速く水と結びつきやすくなってパサパサしなくなるからだ。

逆に、ゆっくりした発酵時間をとるなら、小麦粉の粒子はそこまで細かくなくてもいい。つまり、粒度の荒い小麦粉であっても、野生の菌によって長時間発酵させる昔ながらの製法であればしっかり浸水して、焼いてから日にちがたってもパサパサしない柔らかいパンができる。つまりタルマーリーが導入したロール製粉機でも十分なのである。この自家製粉の小麦粉には細かい粉から荒い粉まで程よく含まれていて、味や風味も良い。

二つめの気づきは、小麦粉の鮮度についてである。一般的に流通している大手製粉会社の小麦粉は、製粉後にわざと二週間ほど寝かせてから出荷する。なぜなら、挽き立ての新鮮な小麦粉は酵素活性が強いため、純粋培養菌を使ったパン作りでは生地にべたつきが出たり、思うように膨らまなかったりするからだ。

しかし二週間おいて酵素を失活させると、同時に酸化してしまう。とくに小麦を丸ごと挽いた全粒粉は油分も栄養価も多く含まれていて酸化しやすいから、本来はできるだけ新しいうちに使うほうが好ましい。私は酸化した小麦の独特の匂いが好きではない。以前は全粒粉パンの匂いはこういうものだと思っていたのだけれど、自分で新鮮な全粒粉でパンを作ってみて初めて、それは酸化臭なのだと気づいた。

一方でタルマーリーの昔ながらの製法では、挽きたての新鮮な小麦を使えることが大きな利点になっている。自家製酵母によってゆっくり発酵し、その間に酵母だけでなく乳酸菌もはたらいてパン生地のpH（ペーハー）が下がることで酵素活性を抑えることができるから、新鮮な小麦粉を使ってもパン作りに問題はない。だから挽きたての小麦粉のダイナミズムを活かすことができる。やはり挽きたてのほうが栄養価も高いし、香りも味も良いパンができる。

そもそもの製粉やパン作りの源流は、「土からの恵みである小麦を、粒のままでは消化しにくいから粉にして美味しく食べる」というものだったはずだ。

しかし資本主義社会は「できるだけ速く製品化できる製パン性の高い小麦粉」という目的地へと流れを変えた。純粋培養菌による速い発酵に対応した製パン性が高い小麦粉とは、「非常に細かく粒度が揃っていて速く均等に水が浸透する、かつ酵素が失活した状態」という結論になった。いわば小麦粉も動的ではなく、静的な状態が好ましいというわけである。

発酵の源泉である菌についても、資本主義社会は速さに特化した流れを作り出した。人口増加の時代に工業的な生産性が求められたことは理解できるが、現在のような人口減少社会で求められることは変わってきているはずだ。

# 12 パンの源泉2 技術と道具

## 〝総持ち状態〟で世界を支える

井戸掘りの話でも書いたとおり、二〇二〇年にはもう一店舗、智頭宿に新しいカフェを立ち上げるために空き家物件のリノベーションを始めていた。タルマーリーは千葉から始まり、これで四軒目の店作りになるが、今回も私は工事現場に入って作業をしている。これまでは大工仕事もやってきたけれど、今回大工仕事はプロに任せて、私は解体に徹しようと壁や床を剝がしたりしている。

大工仕事は「建築工房みら」の一人親方、河野竜太さん（以下、竜さん）にお願いした。竜さんにはタルマーリー岡山時代にも店の中庭の橋やウッドデッキなどを手掛けてもらったことがあり、たしかな腕の持ち主だとよくわかっている。

竜さんは岡山県西粟倉村出身なのだが、西粟倉には分業で成り立つような工務店がなく、一人親方の大工が多いそうだ。田舎の小さな診療所のように、すべて一人でこなすことが必要な環境で、「なんでも自分でできるようになれ」という親方のもとで修業した竜さんは、そのおかげでさまざまな技術を身につけてきたという。今回の物件の改装ではとくに、竜さんの技術が最大限発揮されていると思う。

この物件は古く、空き家になってから長い月日が経ってしまったために傷みが激しい。解体してみると柱がシロアリにやられていたりして、想定していたよりもかなりボロボロだったし、建物自体がだいぶ傾いていた。昔の建築で使う材はすべて不揃いで、今のように厚さや大きさの揃っている材は使われていない。天井に見える梁は丸太そのものだ。竜さんはそれを楽しみながらリノベーションしていく。

屋根もトタンを外したらだいぶ腐っていた。竜さんはその一枚一枚の木をトンカチでたたいて確かめ、弱くなっている木を取り換えていくのだが、その仕事の早いこと早いこと。道具を使いながら建築と向き合う、大工と木とのコミュニケーションを見ることができた。

屋根がボロボロの状態で放っておくと家はさらに傷んでしまう。玄関の壁を取っ払ってみると基盤になる柱すべてが腐っていた。縦、横、高さの軸が交差することで立体は成立するはずだが、その支点がすべて腐っていたから、玄関は宙に浮いた状態だった……。それを知らずに玄関の天井に上がって作業していたことを思い出すと、ゾクゾクする。

しかし竜さんは、

「壁と、壁に塗り付けたコンクリートや、壁を支える野地板など、〃総持ち状態〃で家は保たれているので、簡単には崩れません。補強を入れながら柱を差し替えましょう」

と言い、あっという間に廃材を加工して柱を差し替えた。

ボロボロになった柱の代わりに、薄っぺらい野地板や壁などが骨格になるなんて、まさに野生酵母の世界と通じるものがある。弱い菌たちも多様性を保ちながら棲み分けをし、発酵に向かって何かをしている。世界はみんなで支えているのだ。そして弱いからこそ支え合う意味が大きくなる。どのような世界でも、誰もが個性を発揮できれば〃総持ち状態〃で社会は支えられるのかもしれない。

その竜さんが言う。

「最近は便利になって電動工具も入手しやすいし、木材も最初からプレカット（図面に合わせてあらかじめカットされている）状態でやってくる。でも本来の大工というのは、電気がなくても使える昔ながらの道具で家を建てる技術をもっている人のことを呼ぶのだと思う。だから本当は若い人たちにも、そんな昔ながらの技術を継承してもらいたいんですけどね……」

大工仕事の源泉は木であり、源流は木を刻むところから始まる。木とコミュニケーションをどうとるか、竜さんはその態度が大切だと言っているのだと思う。その木が生まれ育った環境などをふまえて木とコミュニケーションをとれる大工は、木材の一番良い状態や建築のどこに使えば腐りにくいかといったことを知っているから、長持ちする家を建てることができるのかもしれない。

大工仕事でもパン作りでも、源泉は自然環境から生み出される最低限必要な材料だ。そしてその環境を整えることこそが、たしかな流れを作り出す。そのためにも直接手で調べることが必要で、それには時間がかかる。しかし今では経済性ばかりが優先されて、人件費のかかる非合理的なことは求められなくなった。やはりどこの業界でも同じことが起きていて、生産性向上という音頭によって昔の技術が否定され、なくなっていってしまう。

## 手作業の経験を機械に置き換えていく

タルマーリーを訪れるお客さんに工房を案内すると、

「こんなにたくさんの機械があるのですね」

とよく驚かれる。一般的に、こだわりと機械化は反比例すると勘違いされているように思う。

まあたしかに、筋骨隆々（きんこつりゅうりゅう）の男たちが肉体を駆使してモクモクとパンを作る、そんなストイックな現場を想像している人も多いかもしれない。しかしハッキリ言うと、タルマーリーのパンは機械なしでは作れない。言い訳ではなく、昔ながらの製法をより深化させて現代風にアレンジするためには、科学技術が必要なのだ。

たとえばパン工房でドゥコンディショナーという機械を使うのだが、これは時間と温度を「○時に△度」と三段階設定できる便利な機械だ。次の日に焼くパン生地の状態を見ながら夕方に設定をすると、翌朝三時に仕事を始めるときにちょうどよく発酵した生地を分割成形することができる。もちろん、その設定温度と時間を判断できるのは、技術を持ったパン職人だけだ。

　実際にタルマーリーのパン工房にある機械は、ドゥコンディショナー四台、スパイラルミキサー二台、縦型ミキサー一台、オーブン一台、製粉機一台。カフェにはコーヒーメーカーだけでなくコーヒー豆焙煎用ロースターやピザ用ペレットオーブン、ソーセージ作りのためにミンサーなどがある。さらにビール醸造のための機械類も多くある。そして全体では業務用冷凍・冷蔵庫一〇台、さらにプレハブ冷蔵庫四基がある。

　どうしてこんなに冷蔵庫がたくさん必要なのかというと、タルマーリーは農産加工場だからだ。近隣の農家から仕入れる米や小麦などの農産物を保管するためには、どうしても大きなプレハブ冷蔵庫が必要になる。さらにカフェで提供するジュース用の手作りシロップを保管したり、樽に入れたビールを熟成したりと、ともかく広い冷凍、冷蔵スペースが必要だ。

　タルマーリーのパンとビールを完成させるためにも機械化は重要だが、生産性向上のための機械が氾濫している中で、機械選びには慎重になる。かぎられた資金で、私が機械に求めるのは、汎用性があるかどうかだ。

　手でやっていたことを機械にやってもらう、という経験を重ねていくと、一つの機械をさまざまな用途で使えるようになる。

たとえば、パン生地用のミキサーは「大量の材料を混ぜる」という機能を持っているわけだから、パンだけではなくハンバーグやソーセージの生地作りにも使える。ドゥコンディショナーはパン生地の発酵管理がメインだが、米麹を作るときにも温度管理ができる機械として使用する。製粉機はパン用の小麦粉だけでなく、ビール用の麦芽を砕くときにも使用できる。このように、現場では日々機械や道具の意味を考え、メーカーのねらいとは別の使用方法を考えついたりするのである。

私はこれまでの経験から、人間の手の延長という感じの単純な機械を使いたいと思う。日々のモノ作りで、環境の変化を感じながら、仕上がりがブレる原因を五感で探りたいし、私とモノの「あいだ」に入る機械に、五感の邪魔をされたくないからだ。しかし生産性向上という、資本主義における絶対神のおかげで、手の延長のような道具や機械が廃(すた)れていく。そうならないためにも、職人は現場で日々使う機械や道具の意味を再確認し、それをメーカーや学者にフィードバックする必要があると思う。

## 小さなこだわりのメーカーが潰れていく

パンの源流として非常に大切な小麦の製粉においても、生産性向上の流れには逆らえない。技術だけでなく、昔ながらの道具や機械も、時代の流れとともに効率化が正義となり、小さなこだわりのメーカーが潰れていく。

日本は戦後、アメリカによる余剰小麦の販売戦略に巻きこまれた。「米を食べると馬鹿になる」という宣伝によって、日本人が長年食べ続けてきた米を否定され、パンを食べる習慣を強要された。そうしてアメリカから安い小麦が大量に輸入された影響で、日本国内の小麦生産は激減した。同時に、かつては村に一台はあったという小型製粉機も姿を消してしまった。

自分で製粉機を購入してみて初めて知ったのだが、現在の日本では、私のような小さなパン屋が持てるような小型ロール製粉機を作る専門メーカーはたった一社、長野県の柳原製粉機しか残っていないのだ。一九五三年農林省農業改良局の「小型製粉機に関する研究資料」では一五社の製粉機器メーカーについて研究されているから、少なくとも一五社はあったのが七十年でたった一社しか残らなかったということである。

一方で、もっと大規模の製粉機器メーカーは複数存在する。ちなみに日本の小麦製粉の実態を調べてみると、現在生産されている小麦粉全体量の八割弱を、たった四社が製粉しているのだという。つまり、小麦粉の価格はその巨大な四社の製粉会社によって決められていると言えるだろう。こうして大規模なメーカーだけが生き残るわけだ。

これはノスタルジックな想いを抱いて終わらせるような些細(ささい)な問題ではない。私たち生産者がいくら「これは価値のあるモノだ！」と主張しても、大量生産システムの安い価格に引きずられて、小麦粉の価格は決まってしまうのである。

そうすると、本当は自分たちで小麦を製粉して使いたいと考えているパン屋も、パンの価格をおさえるために、大規模なメーカーの小麦粉を使わざるをえなくなり、小規模な製粉機の需要が減る。そして小規模な製粉機がこの世から消えてしまったら、いくら私のような職人が「パンの源泉は小麦にある！」と言って地域の農家に小麦を栽培してもらっても、自分で製粉することができなくなるのだ。

製粉機だけでなくオーブンも同じように、小規模メーカーがなくなっていく現実を目の当たりにした。

タルマーリーを開業した当時、かぎられた資金でパン製造機材を揃えるために、なるべく安い中古品を探すようにしていたのだが、その中で一番奮発したのがオーブンだった。新品ではなかったのだけれど、せっかく自家製酵母と国産小麦だけで手間暇かけてパンを作るのだから、焼く熱源は電気ではなくガス火にこだわりたかった。

そこで探してみたところ、全国のこだわりパン屋さんからの支持が高いガスオーブンのメーカーが見つかり、そこから購入することにした。その頃は「夫婦でなんとか食べていければいいか……」という規模で考えていたので、控えめに二段オーブンを選んだのだけれど、それからスタッフを雇用するようになり、タルマーリーは当初の予想を超えてたくさんのパンを焼くようになっていった。最終的にはその二段オーブンの推奨適量の約三倍を毎日焼くという状況になり、結局かなり酷使してしまった。

千葉→岡山→鳥取と、移転のたびにそのオーブンも一緒に連れてきて、十一年近くともに歩んできたからとても愛着があったのだけれど、いよいよ二〇一九年二月にお別れすることになった。何度か修理しながら大事に使ってきたのだが、火のつきが悪くなるなど機械が限界を迎えてしまった。それに、もっと大きなオーブンにしたほうが確実に作業効率は上がり、パン職人たちの労働時間を短縮できることはわかっていた。そこで大きめの三段オーブンに買い換えることにした。

買い換えるときも、もちろん同じお気に入りのメーカーに決めて、馴染みの担当者とやり取りをしていた。ところが新しいオーブンを導入する予定の半年ほど前に、なんとそのメーカーが倒産してしまったのだ。

このガスオーブンは思いどおりのパンが焼ける、タルマーリーにとって最適な機械だった。それだけこのメーカーはオーブンに対する情熱が強かったのだろうか、開発に投資し続けた結果の資金ショートによる倒産だと聞いた。

しかし本当にそれだけの理由だろうか。このメーカーのオーブンは、全国の天然酵母パン屋さんが使っていたものだ。日本経済の停滞によって、そういうこだわりのパン屋さんの経営が厳しくなり、オーブンを買う余裕がなくなっていることも、この倒産に関係しているのではないかと感じている。

ここでも因果関係を単純に断定することはできない。縁起的につながる世界で、巡り巡って高い技術を持ったオーブンメーカーが倒産したのである。

## 使えるお金を誰もが持つ社会

昔は地域や作り手の数だけ道具や機械があって、それだけ多様なモノが生まれていたのだと思う。そして、「おらが村のモノが一番だ」とか、「この村のこの人が作ったモノでなければダメだ」とか、星の数ほど多様な市場が日本中に広がっていたのだろう。

昔ながらの生産方法に適した小規模の機械が手に入らなくなってしまったら、私たちの社会はさらに息苦しくなると思う。画一化した商品経済による同調圧力から自由になるために、自分なりの表現として少量でもこだわってモノ作りがしたいと思っても、そのために必要な機械が手に入らないとしたら、安定したモノ作りと経営ができなくなってしまう。

ある程度の生産性を上げる機械が手に入る状況を維持しなければ、私たちのような零細企業のモノ作りは継続できない。市場における多様な商品を支えることは、その生産に必要な小規模機械メーカーを支えることにもつながっているのである。

経済合理性に則って動く社会は、小規模で不安定なモノ作りを解体してしまう。その流れに巻きこまれていく事業体を目の当たりにして、私は大変憂慮（ゆうりょ）している。良いモノの集積が良い社会を作っていくはずなのに、良いモノを作る会社がやっていけない状況はどうして引き起こされているのか。

それは、市場のグローバリゼーションと政府の緊縮財政によって貧富の差が拡大し、中産階級が崩壊して、衣食住においてこだわりをもつ人たちの買う力が弱くなっているからではないか。

私たち商売人から見ると、グローバリゼーションによって価格と価値が乖離（かいり）していくことが問題を引き起こしていると思う。政治的にも経済的にも、市場は世界を正当に評価できるほど独立しているわけではない。大企業の求める流れにそって動いていく市場の構造が、価格と価値を乖離させていくのである。

これに対して市場の独立性を保つために必要なことは、商品の多様性を消費者が認めて、求めて、買うという行動ではないだろうか。市民一人ひとりが、価格が高くても意義ある消費をして、「たで食う虫も好き好き」という市場を形成することが重要だと思う。

消費行動に関して、私はマリと結婚してからずいぶんと変わった。かつての私は、値段を見てから商品を選ぶ癖があった。しかしマリは値段をあまり気にせず、良いモノであれば買う人だ。

私は、自分が買えると思う値段の範囲外のモノを意識せずに生きていたから、本当に必要なモノ、良いモノを手に入れることができなかった。自分の感じる値頃なモノ以外の世界観を手に入れることができていなかったのだ。しかしマリのおかげで、私も値段という枠を取っ払うことができた。それからは見える景色が完全に別世界になった。

しかしそのためには、使えるお金を誰もが持つ必要がある。だからこそ、格差を是正することが、持続可能で多様な社会の形成につながると信じている。市場における投票権はお金であるから、消費者の買う力を維持できる社会構造が必要だ。

建築と同じで、社会も〝総持ち状態〟が理想だと思うから、そのためにも市場に影響を与える政治の流れをしっかりと見つめて、格差が広がらないように生活者レベルで対話する必要がある。

そして作り手である私ができる仕事は、画一的な市場に揺さぶりをかける商品を投入すること。「売れるモノ」を作ろうとすると、結局はいつの間にか大企業と同じ画一的な商品を作ることになってしまう。だから私は、新しい価値観を提案するようなパンやビールを作る。そしてそのモノ作りを支える機械屋さんもともに生きていけるようにしたいのである。

## 「無から有を生むシステム」

パン屋を起業したとき、ごく小さな石臼製粉機を使って、小麦との対話から始めたのと同じく、ビール作りも台所での手作業から始めた。岡山時代にパン用酵母としてビールを作り始めたときは、ヤフオクで買った小さな寸胴鍋を仕込み釜に改造するところからのスタートだった。その経験と知識は、それから二年後に智頭町に移転してビール工房を立ち上げるときに十分役立った。

智頭で立ち上げたビール工房も、台所よりは規模が大きくなったとはいえ、まだ小規模で手作り感満載だ。四〇〇～六〇〇リットル入るタンクが四基あるが、二〇〇リットル容量の寸胴鍋で麦汁を仕込んでいるから、タンクを満たすためには二回仕込まなければならない。そして私がビール職人になって三年が経った今、このビール作りももう少し規模を拡大して機械化するかどうか、迷っている。

もう少し大きなオートメーションの仕込み釜を買おうと思っているのだが、本当にそれでいいのかなと、なかなか踏み切れないでいる。なぜなら、私のビール作りはまだ、教科書で学んだ知識の段階から、実際に作って身体で感じながら全体像を捉える段階へと進んでいる最中だからだ。小規模で安定しない生産体制だからこそ、失敗や製品のブレが出ることで多くを学べるのだ。

実際にパンの製造も、小規模で不安定な生産体制から始めたからこそ源泉が見えたのだし、そのおかげで今のような製造システムを確立することができた。パンの源泉は菌や小麦にあり、それを取り巻く空気や水も大切だったし、もちろん、職人の技術と丁寧な観察力も磨く必要があった。要因は一つに絞ることはできず、小さな要素も含めたすべてが「タルマーリー式長時間低温発酵法」の確立につながったのだと思う。

源泉がわかり、源泉の流れる方向がしっかりわかったから、安定したパン作りに移行するために機械化をした。しかしビールに関してはまだ私の経験が十分ではない気がするから、大きな機械化はもう少し待ったほうがいいのかもしれない。

今使っている外国産オーガニック麦芽は、船便で届いてビールにするまでに一年くらいかかっているのだが、はたしてこのような状態で素材の力を活かし切ることができるだろうか。

源泉から湧き出るイキイキした生命力を発揮するカギは、時間と空間にあると思うから、やはり近隣で栽培された麦を麦芽にする工程も自分でやれるようにすることが当面の目標だ。ビール作りの源泉は菌や麦芽の生命力とわかっているから、麦芽の生命力を活かす製法と道具がわかったら、次の道が開けるのだろう。

もしかすると生産性向上のために仕込み釜を導入するよりも、麦芽工場を整備するほうが先になるかもしれない……。

タルマーリーでは、機械導入と技術向上によって、原料の調達から食品加工までを地域で完結させる仕組みを「無から有を生むシステム」と呼んでいる。

発酵に関わる菌はすべて空気中から採取しているし、菌が求める水はこの土地に流れるきれいな地下水だ。タルマーリーではパンに牛乳、バター、卵、砂糖などは使わないので、大地に小麦を蒔けばパンができる、というまさに「無から有を生むシステム」が完成しつつある（塩だけは購入している）。つまり、何か災害や紛争などが起こらないかぎり、パンを作り続けることができる。

しかし焦ってはいけない！　ただ地域にあるモノを使えばいいというものではない。水は低きに流れるのが常だから、地域のために考えて働いた結果、いつの間にか低レベルのモノができあがっている、ということもありうる話だ。まずは最高レベルを知ることから始めて、ゆっくりと作っていきたい。私たちの想いに共感してくださる農家の方たちとともに、いつか最高の地域素材を使って、素材の生命力を最大限に活かした加工品を作りたい。そうした生産こそが、地域をよくすることにつながっていくだろう。

「無から有を生むシステム」はまだ道の途中だが、タルマーリーではなるべく土から採れた農産物から手作りしている。

まず、カフェで提供しているピザソースは、近隣で自然栽培されたトマトを煮て作る。豆乳マヨネーズも手作り。コーヒーはウガンダ産・無肥料無農薬栽培の生豆を自家焙煎。そしてジンジャーエールなどのドリンク類も手作りへ移行しつつある。自然栽培レモンと周防大島の蜂蜜ではちみつレモンシロップを作り、自然栽培ショウガとオーガニックシュガーでシロップを作り、炭酸水も那岐の地下水を使った自家製だ。一部のジュースは既製品を購入しているが、ゆくゆくはすべて自家製造に切り替えていきたいと思っている。さらにチーズや調味料まで自家製造にしていきたいところだが、それはさすがにちょっと難しいと思っている。

パン作りでは、自家製粉小麦粉の使用率を一〇〇パーセントに近づけていくことで、システムが完成する。そしてビール作りでは、自分で麦芽を作り、麦芽を焙燥(ばいそう)する技術を磨くことで、完成していくとイメージしている。すべてが完成したときにどんな景色が見えるのか、今から楽しみである。

「なんとしても理想を追求して、究極のモノを作るぞ!」と意気込んでやってきたけれど、源泉を理解したうえで機械化を進めることで力むことがなくなり、理想から現実へと舵を切れたように思う。理想の追求には技術力と機械化が必要であり、そのためにはそれに見合った経済規模を作っていくしかない。ここ数年でそう考えるようになった。

資本主義社会で独立をするための武器が、機械と技術なのだという確信を持つようになった。「無から有を生むシステム」が一つひとつできていくたびに、未来への安心感が生まれていく。

参考資料


・「鈴木猛夫著『アメリカ小麦戦略』と日本人の食生活」中村修、農林水産図書資料月報、二〇〇三年七月
http://www.junkan.org/main/katsudo2/kyusyoku/americakomugi0307.txt

# エピローグ

# タルマーリー、新たな挑戦

皆さま、本書をお読みくださり、ありがとうございます。タルマーリー女将の麻里子です。これまでも渡邉格が書いた文章の中で「マリ」としてたびたび登場してきましたが、エピローグは最近の家族とタルマーリーの様子について、私から紹介させていただきます。

「まあ、ここでは食うには困らないけぇ、なんぼでも生きていくことはできる。米はとれるし、川で魚は釣れるし」

智頭町に移転すると決めたときに健(けん)さんがこう言ってくれて、私の心はほぅっと解きほぐされました。それまでいくつかの地域で田舎暮らしをしてきたけれど、地元の方からは、

「田舎暮らしと言っても、年金やら税金やらで現金収入は必要だから、そんなに甘くないぞ」

という言葉をかけられることが多かったのです。しかし、ずっとこの町で生まれ育って暮らしてきた健さんからこの言葉を聞いて、ここはなんて豊かなところなんだろうとうれしくなりました。

二〇一四年秋にタルマーリーは智頭町の旧那岐保育園に移転を決めたけれ

ど、最寄りのJR因美線「那岐駅」には一時間に一本も汽車が通ってないし、まわりにはお店がないし、ビールを作ると言ってもお客さんは車で来たら飲めないし……。日本一人口の少ない鳥取県のしかも山奥。とはいえ、関西から車で二〜三時間とけっこう近いから、良いモノさえ作ればきっとお客さんは来てくれるにちがいない！　と自分に言い聞かせるけれど、やっぱり移転してうまくいくのかと、不安な想いでいっぱいでした。

そんな私たちのことをいつも気にかけてくれる福安健さんは当時、旧保育園の隣の旧那岐小学校に事務所を置いている那岐地区の住民自治組織「いざなぎ振興協議会」の事務職に就いておられました。私たちが旧保育園をお店にしてパンとビールを作りたいという想いを知ってすぐに『腐る経済』を読んでくれて、それから今日まで全面的に応援してくれています。

「モコ、ヒカル、母さんの仕事の邪魔をしたらいけんぞ」

健さんが子どもたちにそう声をかけて、彼らを遊びに連れ出してくれることにも、どれだけ救われたでしょう。それまでは逆に、

「仕事ばかりしていないで、お母さんという役割はお母さんにしかできないのだから、もっと子どもの面倒を見てあげたほうがいいのでは」

という世間からの眼差しを感じていたからです。けれど智頭に来てからは、夫婦共働きが当たり前という雰囲気があって、私は本当に気が楽になりました。

さて、智頭町に暮らし始めてからのこの六年間を振り返ってみると、私にとって大きな出来事が四つありました。

## 1　ヒカルが森のようちえんに行ったこと

私がそもそも田舎暮らしをしたかった理由は、子どもたちが自然の中で思いっきり遊べる環境を求めたからでした。

私が子どもの頃、夏休みには房総の海で父と兄と素潜り（すもぐ）をしたり波乗りをしたりして遊びました。秋には母が信州などの山に連れていってくれました。海の水の気持ち良さ、山の紅葉の美しさ、自然の恵みの美味しさ……。東京で生まれ育った私には非日常だった自然の中での楽しい体験が、我が子たちには日常になったらいいなと夢を描いていたのですが、実際にはパン屋の仕事が忙しくて、平日は保育園、週末はYouTubeに子守をしてもらうような状況になっていました。

モコはすでに小学生、ヒカルが保育園あと一年というタイミングで、智頭町の「森のようちえん　まるたんぼう」の方と知り合うことができ、二〇一四年夏に智頭町に行ってみたあのときに、自分が本当にやりたかった田舎暮らしや子育てを実現しようと決心できて、今あらためて本当に良かったなと思います。

智頭町の里山の風景は、『まんが日本昔ばなし』のように、じつに柔らかく美しいものでした。ああ、まさに夢に描いていたような場所、私がここで暮らすという選択肢もあるのかと大きな衝撃を受けたことを、今でもよく覚えています。さらに「森のようちえん　まるたんぼう」は自然保育の場でありながら、働くお母さんが安心して預けられるようなシステムがある幼稚園だったことも、大きな決め手となりました。

智頭町は町の九割が森林で、まさにその森が「まるたんぼう」のフィールドです。園舎はなく、子どもたちは毎朝、集合場所からバスに乗って自分たちが決めた遊び場へ向かいます。雪が多い日は雪遊びができる場所に、川で泳ぎたいときには川のある場所へという具合です。園のスタッフは周囲の安全確保のほか、子どもたちを〝見守る〟ということに徹します。

お弁当はそれぞれに好きなときに好きなように食べ、服が濡れたら自分でリュックから出して着替えます。金曜日には自分たちでごはんとお味噌汁を作ります。お味噌も自家製です。刃物の使い方から火の起こし方までを覚え、山菜の名前も採りながら覚えていきます。年長になると自分用のナタやナイフを持ってきて、それで木を削って剣を作って遊んだりもします。

このように、ヒカルは智頭の森で年長組の一年間を過ごしました。たった一年でしたが、ヒカルが森で得た体験は彼の人生を劇的に変えたと感じています。七メートルくらいの高さまで木に登れるようになったり、山菜を採って天ぷらにして食べたり、ヒカルが大自然の中で思いっきり五感をはたらかせて身体を動かして遊ぶ楽しさを知ったことは、私たち家族にとっても、何よりの宝になりました。学校で毎日机に座るようになった今ではあの頃よりも身体はかたくなったけれど、幼い頃に森で遊んだ感覚は大人になってもけっして忘れないでしょうし、人生のいろんな場面でひょっこり顔を出すのだろうと思います。

ヒカルが小学一年生のとき、ある日の夕食どきに、こう言ってくれました。

「ヒカルが良かったなあと思うのは、家族が仲良いことと、森のようちえんに行けたことと、智頭小学校に行けてること」

## 2　イタルがパン職人からビール職人になったこと

「今日でパン職人は卒業したよ」

二〇一七年十一月十八日の夕食どきにイタルが言いました。

私としてはもうこんな日が来るなんてビックリで……。結婚と同時にパン修業に入ってから十五年間、イタルが毎日夜中の二時や三時に起きてパン工房という〝戦場〟に出ていく緊張の日々を続けてきたのですから。しかし智頭に移転して三年目にして、スタッフの境晋太郎と大田直喜を中心にみんながんばって、イタルをパンからビール作りの現場へ押し上げてくれたのです。

イタルがパンを作ってきた間、女将の私はずっと何かと闘ってきました。何と闘う？　って、「イタルがパンを作るための身心の平穏を妨(さまた)げるすべてのモノ」と、です。子熊を守る母熊のように、それはそれは怖い顔をしていただろうと思います。野生の菌だけで発酵させるタルマーリーならではのパンを作り上げていった十年間は、まあまあなかなか大変でした。

それが、イタルがパン職人を卒業してからは、何かと闘わなくてもよくなったのです、信じられないことに！

そうは言っても、それから新たにビール作りに挑んだイタルも大きなプレッシャーに苦しんでいたので、しばらくは傍(そば)にいる私も緊張感を味わいましたが、でもやはり発酵のスパンが短い毎日のパン作りよりも、ビール作りは格段に時間的余裕があって様子がまったく違うのです。

三十一歳から四十六歳までパン作りをして、その後は若者にゆずり、イタルおじさんはビール作りに転向することができて本当によかったと思います。

それに、私自身の人生にとっても、それは大きな転機になりました。

## 3　モコが自分で行きたい中学校を選択したこと

タルマーリーのレジに立っていたある朝、セーラー服を着た女の子が入ってきました。ここは街中ではないし、制服を着た子が店に来るなんて珍しい。それに、その子が清々しくて印象的だったので、思わず声をかけました。

「あら、かわいい制服！　失礼ですが、どちらの学校なんですか？」

すると、一緒にいたお母さんが答えてくれました。

「〝せいしょうかいち〟という学校です。鳥取の、私立の中高一貫校で」

「〝せいしょうかいち〟？」

と私はメモを取りました。二〇一七年、それが「青翔開智」という学校を初めて知った日でした。そしてその翌年の二学期から、娘のモコが「青翔開智中学校」一年生に編入することになりました。

二〇〇五年に東京で生まれたモコは、親の事業の都合で、千葉→熊本（一時避難）→岡山→鳥取と引っ越し、転園転校を繰り返してきました。そんなモコが初めて自分で考えて選択し、挑戦し、行きたい道へ進むことになったのです。


モコは転校生として小学生の頃から悩みを抱えつつも、

「とりあえず、智頭中学校に行ってみる」

と言って四月に入学したのですが、まもなく、

「やっぱり、青翔開智を見に行ってみたい」

と言いました。それで四月中旬、家族みんなで見学に行ってみました。そしてその素敵な雰囲気と教育方針に、モコはもちろん、イタルも私もヒカルも心からワクワクしたのでした。


それからモコは智頭中に通いながら、七月の編入試験の準備を始めました。塾には行かず、家族で協力して勉強やプレゼンテーションの練習をしました。

青翔開智中学校は探究やコミュニケーション能力を重視していて、入試でも十分のプレゼンテーション課題があります。テーマは「あなたが解決したい鳥取の課題とその解決策」。そしてモコが考えたのは、

課題「人々が自然を大切に思っていないことで、環境破壊が進むのではないか？」
解決策「将来、自分が好きな食や芸術の分野で、自然の大切さを表現していくこと」

モコは、イタルと私の間に生まれてきて、

「うちは、普通のうちとは違うんだよなあ……」

と感じながら生きてきたと思います。引っ越しばっかりだし、添加物の入ったお菓子などは食べさせてもらえないし、お弁当は地味だし、両親は土日も仕事で忙しいし、家にはテレビがないし。それがすごく嫌だった時期もあるだろうけれど、でも結局、彼女はそれらをすべて自分の力に変えてきました。

いろいろな場所に住んだことで、都会と田舎、両側から見る良さと悪さを知りました。料理の腕を磨き、自分の願うような華やかなお弁当を自分で作れるようになりました。自然な食を食べてきたおかげで味覚が鋭くなり、ジャンクな食べ物はあまり美味しいと思わなくなりました。テレビを見ない代わりに漫画や本を読んで想像力を高め、自分なりの考えを構築してきました。

モコはそういう十三年の経験を十分のプレゼンテーションに結実させました。両親がタルマーリーという事業でどのようなことをしてきて、どうして智頭町に辿り着いたのか。野生の菌の発酵にとってかけがえのない智頭町の豊かな森、きれいな水と空気をこれからも保全していくことの大切さを、自分が将来やりたい食や芸術の仕事で表現したい。

このプレゼンテーションで合格することができて、モコはもちろん、親である私とイタルも、今までのすべてを肯定してもらえたような気持ちになりました。

正直、こんな親に振り回されて、コロコロと変わる環境にもまれて、モコが傷ついたり満たされなかったりしたらどうしようという不安が、母親の私には常にあったと思います。自分はサラリーマンの娘に生まれ、土日や夏休みは家族揃って休日を楽しむことができましたが、我が家は商売をしているから学校がお休みのときが一番忙しく、子どもたちの相手をしてあげられないことを申し訳なく思っていました。とくに西日本に移転してからは祖父母と会える機会も少なくなってしまい、子どもたちに寂しい思いをさせていることが気になっていました。

しかし私の心配をよそに、モコは私とは明らかに違う才能や個性を、彼女なりにしっかりと育んできたのですね。モコは私にとって娘だけれど、一緒に生きてきた同志であり、親友でもあります。

入試の前の日。

「なんかみんな、モコはいろいろ大変だっただろうって言うけど、モコは別になんの苦労もしてないんだよね」

そう言った彼女の笑顔を、私はきっとずっと忘れません。

## 4 地域で同じ志を持つ仲間ができたこと

こうしてイタルがパン職人からビール職人になり、子熊を守る母熊の緊張感がほぐれたとき、母熊はおおいにとまどいました。相談した友人から、

「一日に何分かでも、自分のための時間を作ったほうがいいよ」

とアドバイスを受けたのですが、

「はて、自分のやりたいこととはなんなのか？？？」

「自分のための時間とは？」

それまで家族を守り、タルマーリーを育てることに必死で、あまり考えたことがなかったそんなシンプルなことに向き合ってみるとなかなか難しくて、悩みに悩みました。一時はタルマーリーの仕事から離れることまで考えたのですが、やはり自分の舞台はタルマーリーだとあらためて思い直し、こうして今も女将として店の切り盛りを続けています。

そしてモコが自分の道を進んだことが私にとっては大きな自信となり、女将の般若面はだいぶ和らいだ表情に変わったのではないでしょうか。

そんな頃、二〇一九年の初めに智頭町役場企画課の主催で、東洋文化研究者のアレックス・カーさんの講演会が開催され、日本の景観問題についてお話を聞く機会を得ました。そのとき、日本古来の文化、景観や古民家へ愛情を注いで四十年以上も保全活動を続けてこられたアレックスさんの率直な物言いにハッとしました。

私が智頭町に移り住んでから四年あまりの間にも、美しい風景は変わっていきました。とくに県や国による公共工事は地域住民への十分な説明もなしにいつの間にか始まり、白いコンクリート張りの構造物によって川や山の景観や生態系が大きく変わってしまうことを、私はとても心苦しく思っていました。

アレックスさんにそれを伝えると、

「その気持ちはよくわかります。私も日本に来てからそうやってずっと心を痛めてきました。それでも住民が声を上げるしかありません。黙っていては何も変わらない」

とこたえてくださいました。

その講演会は智頭宿の石谷家住宅の土間で行われました。国指定重要文化財にもなっている大規模な木造家屋である石谷家住宅は、林業で栄えた智頭町の象徴であり、二〇〇一年に一般公開されてからは、観光バスで人々が訪れる場所になっています。

しかしこの講演会で、観光客の滞在時間が短いことが智頭町の観光の課題として示されました。観光バスを降りて、石谷家を見学し、智頭宿を散策して、そのままバスに乗って帰ってしまう。数時間の滞在では経済効果も低いのが現状とのことでした。

私自身も智頭町でタルマーリーの営業を開始して四年の間にお客様からうかがった声からさまざまな課題を感じていたのですが、このアレックスさんの講演会を機に、それらが明確に整理されてきました。

タルマーリーの事業は、豊かな森があり水と空気がきれいな智頭町でこそできるのであり、「パンとビールを作れば作るほど地域社会と環境が良くなる、環境保全型・地域内循環」を目標に、まずはタルマーリーという事業体が強くなろうと考えて運営してきました。

野生の菌による発酵は、自然栽培（無肥料無農薬）の農産物を使うとうまくいきます。そして地域で自然栽培が広がれば肥料や農薬による汚染が軽減し、生態系が保全され、さらに発酵環境が良くなり、野生の麹も採取しやすくなります。

しかしいくらタルマーリーが単独でがんばっても、公共工事や農薬の空中散布は止まりません。そのような好循環を実現するためには地域との連携が不可欠だと痛感するようになりました。それに、タルマーリーで働くスタッフをはじめ若い人々が定着していくためにも、ワクワクするような魅力的な地域や仲間作りが必要だということも感じるようになっていました。

ちょうど同じ頃に、石谷家住宅から歩いてすぐのところに、古民家を改装したカフェ&ゲストハウス「楽之（たのし）」がオープンしました。智頭町内にはいくつかの飲食店はあるものの、夜も営業していて私のような移住者でも気楽にお酒を飲みに行けるお店はなかったので、かなり画期的な出来事でした。

アレックスさんの講演会の数週間後だったでしょうか、その楽之で「女子会」が開催されるとのことで、私にも声がかかりました。智頭町内に暮らす二十〜四十代の女性たちが十数名集まり、お酒を飲みながら語り合ったのですが、それがかなり楽しかったのです！　思い起こせばそれまでは、地域で飲む機会といえば男性中心の住民自治組織の場が多く、女子だけで自由に集まって飲む機会がまったくなかったのですから。

ちなみに楽之のオーナーである竹内麻紀さん、成人（なりと）さん夫妻は、智頭町で生まれ育ったバリバリ地元の人なのですが、楽之のカフェは地元のおじさんから移住者ファミリーまで幅広い客層が集まっているミックス感が絶妙で、竹内夫妻のお人柄のなせる業（わざ）にいつも感心させられています。

交流の場ができるというのはとても大きな出来事で、楽之ができて女子会が開催されたことで、智頭に暮らして四年の間、お互いの存在は知っていたけれど話したことはなかった人たちと知り合い、仲良くなることができました。

私も含め、この女子会にいた四人の事業経営者が、

「気合を入れて、これから何か本気でやろうぜ！」

と意気投合し、情熱をメラメラ燃え上がらせて、その後も飲み会を重ねていきました。あの日から二年が経ち、今では家族のような存在となった三人の仲間をご紹介します。

まず一人めは先述の竹内麻紀さん。ご夫婦で建設業を経営しているのですが、智頭町で多様な人々が集まる場を作りたいという想いから、「楽之」という新しいチャレンジを始めました。

二人めは設計事務所「プラスカーサ」の小林利佳さん。智頭出身のご主人、和生（かずお）さんの実家に京都からお嫁にきました。ともに一級建築士であるご夫婦は、新築だけでなく、古い建築のリノベーションも丁寧に手掛けていて、「楽之」の設計では第十一回ＪＩＡ中国建築大賞二〇一九・一般建築部門において特別賞を受賞しています。

三人めは横浜と智頭の二拠点での仕事と暮らしを実践中の村尾朋子さん。彼女は横浜でウェブ制作会社「明日の株式会社」を運営しているのですが、二〇一九年に智頭のお父様のご実家を改装し、一棟貸しゲストハウス「明日の家」を始めました。「明日の家」は田舎の古民家ならではの広々とした空間で、ゆったりとくつろいだ時間を楽しめる素敵な宿です。

こうして彼女たちと仲良くなって頻繁に飲み会をするようになると、モコがこう言いました。

「母さん、最近楽しそうでよかったね。これまでの母さんは、家族のためとか、タルマーリーのためって感じだったけど、友だちができて、ずいぶん変わったね」

たしかに、

「仲間がいなくても仕方ないし、家族さえいればへっちゃらだし」

と、移住者としてのアウェイ感に慣れていたつもりだったけれど、仲間がいるとやっぱり全然違うということがわかりました……。私たちは問題意識も近かったので、かなりスピーディにいろいろな物事が進んでいきました。

そうして二〇二〇年春、このメンバー四人で「智頭やどり木協議会」という町づくり団体を立ち上げ、智頭宿の空き家物件を改装してカフェ&宿泊施設にしよう！　という計画を実行することになりました。これが、イタルが第五章で書いていた「智頭宿の新しいカフェ」のことです。カフェはタルマーリーが運営していくことになります。

## 「智頭やどり木協議会」がめざすもの

さて、それでは私たち「智頭やどり木協議会」は何をしようとしているのか。空き家物件の改装にあたり、「智頭町まちづくり支援事業補助金」を申請し智頭町役場からの支援もいただくことになったのですが、その申請書類に私たちの理念と計画を下記のように記しました。皆さんがこういった事業に取り組まれる際に参考になればと思い、要約を掲載します。

## 智頭やどり木協議会による「まちやど」構築事業

当協議会は「麴の降るまち」をコンセプトに、智頭町の豊かな自然や文化的資源の価値を守りながら活かしていくことで、都市一極集中ではない「分散型社会」の形成をめざします。その方法として、智頭宿に「まちやど」を構築し、「地域資源活用型、長期滞在型観光」を実現していきます。

智頭町の社会課題である、高齢化、人口減少、産業の衰退、空き家問題などの解決には、それぞれ単一にではなく、総合的に取り組む必要があります。とくに今後も増加する空き家は、衛生環境や景観、治安の悪化、倒壊の危険などさまざまな問題をもたらすため、対策は急務です。

当協議会はこれらを解決していく方法として、旅行者がゆっくりと暮らすように滞在できる「まちやど」を築きます。近年、「アルベルゴ・ディフーゾ」や「まちやど」という観光と町づくりのあり方が注目を集めています。「日本まちやど協会」によると、『「まちやど」とは、まちを一つの宿と見立て、宿泊施設と地域の日常をネットワークさせ、まちぐるみで宿泊客をもてなすことで地域価値を向上していく事業』です。

当協議会は初めの一歩として、智頭宿の空き家物件を改修し、「まちやど」の核となるように、レセプション、カフェ、食料雑貨店、一組限定の宿（キッチン付き）の機能を持つ施設を作ります。かつて宿場町として栄えた智頭宿は石谷家住宅などの観光資源が多く、駅周辺の商店にも徒歩で行けるため、不便なく長期滞在ができます。

また、旅行者がより快適に豊かに滞在ができるように、衣食住、交通、体験、交流などさまざまな地域情報を発信していきます。旅行者の滞在時間が増えれば、町民との間に交流が生まれます。智頭町で生まれ育った町民にとって、町の自然や文化的資源の豊かさは「当たり前にあるもの」と認識されてしまいがちですが、コンセプトのある町づくりに共感した旅行者があらためてその魅力を町民に伝える機会が増えれば、それらが「誇るべきもの」「守るべきもの」と再認識され、町民が主体的により良い地域を築いていく可能性が広がります。そして若い世代が希望を持てる地域社会を創出できれば、人口流出を防ぐこともできます。

江戸時代、この物件の隣にあった関所では下級警察が因幡街道の警備をおこなっていたそうで、物件の地下室は当時の牢屋ではないか……との一説もあります。このような歴史ある空き家を利活用することで、次世代にも物語を継承でき、地域の人々があらためて町への愛着を持つきっかけになってほしいと願います。

さらに、当協議会は事業過程で空き家活用のノウハウを蓄積し、移住や起業により新たに空き家を活用したいユーザーに対して、ニーズに寄り添った提案やサービスを迅速に提供できる体制の構築をめざします。

コロナ禍によってこれまでの価値観が大きく変わりつつあります。新たな旅行スタイルとして一棟貸しや一組限定の宿が求められるとともに、一極集中による超過密な都市生活の見直しから、地方に拠点を持つ人々も増えると予想されます。その受け皿となりうる地域をめざして、この事業を始める意義は大きいと考えています。

人口が減少していく時代に入り、真に豊かで成熟した生き方の提案が求められています。今こそ、美しい自然が残る智頭町ならではの豊かな暮らしを、より多くの人が実現できる体制を整備していくときだと思います。

## 智頭町、オススメツアー

「長期滞在」という堅苦しい言い方をせずとも、私のような食いしん坊にとって、智頭町周辺の美味しいモノは日帰りでは食べ尽くせないので、最低限一泊、できれば二泊以上することを強くオススメします。

何はともあれ、ぜひ足を運んでいただきたいのが「みたき園」です。智頭町芦津地区、智頭駅から東へ車を走らせて約二十分、山をずんずんと登ったところにあるみたき園は、智頭の魅力を五感で味わえる山菜料理屋さんです。

二〇二〇年まで町長を五期務められた寺谷誠一郎さんが、町長になるずっと前の一九七一年、山の中に茅葺(かやぶき)屋根の古民家を移築して開業されました。今でこそ古い建築をリノベーションする価値が見出されていますが、五十年前にそれをやってのけた先見性にはただただ脱帽です。その抜群のセンスと豪快さは町長というお仕事にも存分に発揮され、誠一郎さんの「本物」を大事にする姿勢のおかげで私たちタルマーリーも智頭に移転することができました。

ただでさえ手間暇のかかる山菜料理ですが、みたき園ではお豆腐、お味噌やお漬物も手作り、きな粉まで手作業で石臼挽き。化学調味料は使わずに自然のままの味が活かされています。

そしてお料理が素晴らしいのはもちろん、森の中で食すというロケーションも最高なのです！　溢れる緑、清涼な空気、小鳥の声……、森をまるごと味わいに、国内外からたくさんの来客がある人気店です。智頭の恵みをこんなにセンス良く表現できるのは本当にすごい！　と、何度訪れてもいつも新たな感動があります。

みたき園は長い間、誠一郎さんの奥様、節子さんが女将として美しく切り盛りされてきました。女将さんは一人ひとりのお客様に声をかけて心から歓迎してくれるので、「女将さんに会いにみたき園に行く」というファンも多いのです。今では娘の亜希子さんが若女将として伝統的な技術を受け継いでおられます。

みたき園でお昼を食べたらお腹いっぱいになるので、ぜひもう一泊して、次の日は割烹旅館「林新館」でゆっくりと京風料理をお楽しみください。数寄屋造りの建築、清々しく手入れされた美しいお庭を眺めながら、素材を活かした上品な味付けで鳥取の海の幸、山の幸を存分に味わうことができます。

さらに智頭から車で一時間くらいの距離まで足を延ばすと、岡山県津山市には唯一無二のイタリアンレストラン「リストランテ・シエロ」がありますし、鳥取県岩美町のカレー屋さん「ニジノキ」や美しい海の風景を楽しめるイタリアンレストラン「アルマーレ」などもご案内したくなります。時間と胃袋が許すかぎり、美味しいモノをたくさん食べていってもらいたいのです。

もちろん、タルマーリーのカフェでも、焼き立てのピザやジビエハンバーガー、そして野生酵母ビールを楽しんでいただければ、とてもうれしいです。那岐のパン&ビール工房とカフェに加えて、二〇二一年夏からは智頭宿で新しいカフェ&宿「やどり木の家」もオープンする予定ですので、智頭駅から徒歩圏内でもタルマーリーのビールをお楽しみいただけるようになります。

外食だけでなく、この新しい宿にはキッチンもありますので、近隣で採れる新鮮な農産物やジビエ、日本海の魚介類などをご自分でお料理してゆっくり楽しむこともできます。もちろん、タルマーリービールとともに……。

そしてこの新しいカフェでは、智頭周辺でオススメの飲食店やお買い物スポット、温泉、お散歩コースや自然体験メニューなどをご案内できるコンシェルジュ機能も果たしていきたいと考えています。

「智頭に行ったら、まずは智頭宿のタルマーリーカフェでいろいろ聞いてみよう！」

というような存在になれるといいなと思っています。

## 環境保全型・地域内循環をめざして

智頭町には、環境保全型・地域内循環をめざす方々が、飲食店以外でもおられます。第一章で登場した大谷訓大さんは持続可能な「自伐型林業」を実践する「皐月屋（さつきや）」という会社を経営されています。

また農産物に関して、移転してまもない頃、寺谷町長（当時）にタルマーリーが地域内循環を実現したいという考えと、

「近隣の農家さんに自然栽培で原料を作ってもらえたら、それを仕入れたい」

という希望を伝えたところ、すぐに役場山村再生課による自然栽培普及活

動が始まりました。そのおかげで、今では何人かの農家の方々が自然栽培に取り組んでいます。酒種用の米は藤原康生さん、ピザソース用のトマトは竹下逸雄さん、あんパン用の小豆やパン用のライ麦は自然栽培グループ「そらみずち」の皆さんが自然栽培をしていて、それらをタルマーリーが全量買い上げて使っています。

ただ、タルマーリーで仕入れる農産物すべてが自然栽培となるまでにはまだまだ遠い道のりです。昨年からは新たに女性農業者グループ「良菜会」からも農産物を仕入れることになったのですが、さまざまな地域の農家と関わっていく中で少しずつ私たちの理念を伝え、栽培方法に反映していってくれたらいいなと思っています。

また、二〇一八年には那岐に鹿肉を中心としたジビエ解体施設「ちづDeer's」ができました。それまで、ハンバーガーに使うイノシシ肉はお隣りの若桜町から仕入れていたのですが、こうしてごく近隣からも手に入るようになりました。

さらに私が智頭町を知るきっかけとなった「森のようちえん　まるたんぼう」は森林の多面的機能を活用した教育を実践しています。「森のようちえん　まるたんぼう」の代表である西村早栄子さんの想いは幼児教育だけに留まらず、「ゆりかごから墓場まで、智頭町で素敵な生き方ができたらいいよね」と、ついに二〇二〇年には「自然なお産の場」として「智頭 女性と子どものサポートセンター いのちね」（代表は助産師の岡野眞規代さん）という拠点も完成されました。智頭の森に囲まれた環境で、しっかりした産婦人科医と助産師さんのサポートのもとで自然なお産ができたら、お母さんにとってもお父さんにとっても赤ちゃんにとっても、本当に素晴らしい人生の一幕となるでしょうね。

## さらに銭湯と宿の事業も……！

「タルマーリーでビールを飲んで、そのまま近くで泊まっていけたらいいのに……」

という声をお客様からたくさんいただき、それを形にしたいという想いもあって、智頭宿で新しいカフェ&宿を作っているのですが、それと並行して那岐でも新たなプロジェクトが始まっています。

タルマーリーのお隣りの旧那岐小学校を改装して、薪ボイラー銭湯と宿泊施設を整備することになったのです。これは旧那岐小学校を拠点に活動を続けてこられた那岐地区の住民自治組織「いざなぎ振興協議会」が主体となって進めてきたプロジェクトで、岡山県西粟倉村の「ようび」がコンサルタントと設計を担当しています。

旧那岐小学校は町有の物件ですが、智頭町役場は廃校の活用方法について、各地区の住民自治組織から良いアイディアが出れば予算をつける、という方針を打ち出してきました。そこで「いざなぎ振興協議会」は、旧那岐小学校を改装し、地域住民が集うためのスペースと、建物と自治を維持するための事業収入を得られるスペースを設けるというアイディアを出し、それが町から認められました。

そしてその銭湯と宿という事業を経営する主体は、那岐地区の若手経営者三名が中心となって「那岐の風」という法人を設立して担うことになりました（若手といっても三十～四十代）。その三名とは、第一章に登場した檀原設備の檀原充さんを代表として、皐月屋の大谷訓大さん、そして私です。

ここにきてこの町でポンポンとさまざまな事業が立ち上がって、自分がこんなにもたくさんのことに関わることになるとは、我ながら驚きです。四十三歳になった今、

「こんなにいろいろできるかなあ？」

と心配しつつも、

「まあ、なんとかなるさ」

と楽観できるようにもなってきました。それは何より、仲間ができたということが大きなエネルギーになっているからです。

## イタルと私と仲間たちの挑戦

「一五五六二」→「三二一」。

さて、この数字はなんでしょう？

答えは、人口密度（人／平方キロメートル、二〇一五年）です。

私が生まれ育った「東京都世田谷区」↓現在暮らす「鳥取県智頭町」。

あらためて驚くのは、東京が異常に過密であること。それは私が今、過疎と呼ばれる智頭町での生業と暮らしにこそ、魅力を感じているからです。智頭宿あたりの自宅から智頭駅まで散歩していても、あんまり人が見当たらないというのはやや寂しくもありますが、確実に言えるのは、ソーシャルディスタンスはバッチリだということです。

千葉時代からの知人であるスチャダラパーのBoseさんが、ご実家が岡山県ということもあってたまにタルマーリーに来てくれるのですが、

「今住んでいる鎌倉だと、どのお店に行っても混んでてたくさん人が待ってるのに、こっちに来たらぜんぜん人がいなくてビックリ！　こんな感じのカフェが鎌倉にあったらものすごく混んでると思うよ。こんなにすいてるって……なんなんだ〜」

と言うのでした。

そういえばモコが小さい頃に初めて東京で満員電車に乗ったときに、彼女はよほど怖かったらしくて泣き出してしまいました。私には子どもの頃から

日常の風景でしたが、でもよく考えたら、あんなに狭い空間に大勢の人がぎゅうぎゅう詰めこまれているのは、田舎で生まれ育ったモコにとってはだいぶ異様な光景かもしれません。

たしかに私も毎日のように思うのです。お天気の良い日の朝、開店前の誰もいないタルマーリーの広い庭に出て、ウッドデッキに座ってカフェラテを飲む至福のとき、

「ああ、今頃東京ではみんな満員電車で通勤しているのだろうな……」

と想像して、

「ああ、本当に、この過疎と過密の対比はなんなんだろうなあ」

と。

でもそれから、豊かな森と川をすぐそこに感じ、青い空を仰ぎ見て、

「ああ、きれいだなあ」

と安心し、美味しい空気を胸いっぱいに深く吸いこむのです。

智頭町には基本的に、日、水、土、草木といった自然界から得られる恵みが当たり前に存在しています。そこに地域の人たちとの人間的な関わりがあ

って、昔ながらの生きる技もまだかろうじて残っています。

さあここで環境保全型・地域内循環を実現し、真に豊かな社会を育んでいけるでしょうか。イタルと私と仲間たちの挑戦は、まだまだ始まったばかりです。

皆さんもそれがどんな様子かをのぞきに、ぜひ智頭町へ遊びに来てくださいね。

# おわりに

この本が完成まであと少し……というときに、また大きな変化があった。突然の出来事からパン製造の人手が必要になったため、私が助っ人（すけっと）として現場に戻ることになったのだ。

パンから離れてじつに三年四カ月ぶり、しかも自分の弟子が取り仕切っている現場に入るとあって、さすがに緊張した。初日、朝早くからチーフの境晋太郎の指示のもとに動くと、タルマーリーのパン工房の様子がずいぶんと変わっていることに気づく。私が退（しりぞ）いてから後に働いてきたスタッフの動線に合わせてモノの位置も変わっており、それに慣れない私は慌てふためきながらパンを焼いた。

大幅に改良した製粉機の使い方も、一から教えてもらう。これがあのときと同じ機械なのか⁉　と驚くほど、改良した機械の使いやすさとそれで挽いた小麦粉の質の高さに感動した。

それにしても、茶色い小麦の粒を真っ白な粉に挽き終わったとき、私はなにものにも代えがたいような豊かな安心感を覚えた。もし近隣地域で小麦を栽培できれば、これから先もこの製粉機で挽いた粉で、パンやうどん、パスタ、餃子やお好み焼きを作って、そして自家製ビールを飲んで暮らしていける……！　と老後の自分の姿を想像すると、なんとも幸せな気分になる。

この「おわりに」を書いている今月は、東日本大震災からちょうど十年だ。そして私が、「菌にとって心地いい〝場〟を作ろう」と決心してから十年近く経った今、私たち家族にとっても最高に心地いい場が、ここ智頭町にできつつある。

私はこれからの人生で、「動的なモノ作り」を追求していきたいと思っている。「動的」だから「完成」というゴールもきっとないだろう。これまでも野生の菌たちは、曖昧なものを曖昧なままにしておくのが、常に変化していく人間らしい文化だと教えてくれた。

このようなクレイジーな挑戦を支えてくれているのは、なんといっても家族であるマリとモコ、ヒカルである。そしてここまで見守ってきてくれた私とマリの両親（渡邉俊彦・玲子、傍島薫・利恵子）に、心から感謝を申し上げたい。

そしてタルマーリーという心地よい場を支えてくれるスタッフたち（晋太郎、直喜、明香里、真衣、美保、真生子、彩未、将太）、いつもありがとう。

『腐る経済』出版から八年が経った。

「次の本はミシマ社さんから出版してもらえたら素敵だね」

と夫婦で話していた夢が、こうして実現した。ミシマ社もタルマーリーも、地方で挑戦を続ける小さな事業体である。おこがましいけれど、私はミシマ社を同志と思って、その存在にいつも刺激をもらっている。

こんなめちゃくちゃな人生を自由に書くことができたのは、

「おもしろいです！　イタルさんのエネルギーをそのまま、書きたいように書いてください」

と励まし続けてくださったミシマ社の三島さんと星野さんのおかげだ。本当にありがとうございました。

渡邉格

二〇二一年三月

# 参考文献


・『茶の本』岡倉覚三、村岡博訳（パイインターナショナル）
・『職人』永六輔（岩波新書）
・『修業論』内田樹（光文社新書）
・『快楽主義の哲学』澁澤龍彦（文春文庫）
・『民藝とは何か』柳宗悦（講談社学術文庫）
・『時間は存在しない』カルロ・ロヴェッリ、冨永星訳（NHK出版）
・『時間はどこで生まれるのか』橋元淳一郎（集英社新書）
・『福岡伸一、西田哲学を読む』池田善昭・福岡伸一（明石書店）
・『観光立国の正体』藻谷浩介・山田桂一郎（新潮新書）
・『世界一豊かなスイスとそっくりな国ニッポン』川口マーン惠美（講談社プラスアルファ新書）
・『スイスの凄い競争力』R・ジェイムズ・ブライディング、北川知子訳（日経BP社）
・『道具の起源』北原隆・乗越皓司（東海大学出版会）
・『道具と人類史』戸沢充則（新泉社）
・『生物と無生物のあいだ』福岡伸一（講談社現代新書）
・『新版　動的平衡』福岡伸一（小学館新書）
・『「アメリカ小麦戦略」と日本人の食生活』鈴木猛夫（藤原書店）
・『トコトンやさしい粉の本』山本英夫・伊ヶ崎文和・山田昌治（日刊工業新聞社）
・『熊楠の星の時間』中沢新一（講談社選書メチエ）
・『レンマ学』中沢新一（講談社）
・『スタディーズ空』梶山雄一（春秋社）
・『働かないアリに意義がある』長谷川英祐（KADOKAWA）
・『資本主義に出口はあるか』

荒谷大輔（講談社現代新書）
・『人類とカビの歴史』浜田信夫（朝日新聞出版）
・『香害』岡田幹治（金曜日）
・『土と内臓』デイビッド・モントゴメリー、
アン・ビクレー（築地書館）
・『大地の五億年』藤井一至（ヤマケイ新書）
・『タネと内臓』吉田太郎（築地書館）
・『自分でビールを造る本』
チャーリー・パパジアン、こゆるぎ次郎訳、
大森治樹監修（技報堂出版）
・『大日本麦酒の誕生』端田晶（雷鳥社）
・『パンの明治百年史』パンの明治百年史刊行会
・『難病を癒すミネラル療法』上部一馬
（中央アート出版社）
・『腸を鍛える』光岡知足（祥伝社）
・『人生を決めるのは脳が1割、腸が9割！』
小林弘幸（講談社プラスアルファ新書）
・『隠れ病は「腸もれ」を疑え！』藤田紘一郎、
（ワニブックスPLUS新書）
・『「いつものパン」があなたを殺す』
デイビッド・パールマター、
クリスティン・ロバーグ、白澤卓二訳（三笠書房）
・『おなかのカビが病気の原因だった』
内山葉子（マキノ出版）
・『そのサラダ油が脳と体を壊してる』
山嶋哲盛（ダイナミックセラーズ出版）
・『40歳からはパンは週2にしなさい』
藤田紘一郎（廣済堂出版）
・『乳酸菌革命』金鋒（評言社）
・『あなたの知らない乳酸菌力』後藤利夫（小学館）
・『科学的エビデンスが乳酸菌生産物質の謎を
解く』関口守衛編著（健康実践研究所）
・『脳内麻薬』中野信子（幻冬舎新書）
・『脳はなぜ「心」を作ったのか』前野隆司
（ちくま文庫）
・『こころころするからだ』稲葉俊郎（春秋社）
・『ニッポン巡礼』アレックス・カー（集英社新書）
・『イタリアの小さな村へ』中橋恵・森まゆみ
（新潮社）
・『21世紀の楕円幻想論』平川克美（ミシマ社）

本書は書き下ろしです。

**渡邉格・麻里子**　**わたなべいたる・まりこ**
格、1971年東京都生まれ。
麻里子、1978年東京都生まれ。
2008年、夫婦共同経営で、千葉県いすみ市にタルマーリーを開業。
自家製酵母と国産小麦だけで発酵させるパン作りを始める。
2011年の東日本大震災の後、より良い水を求め岡山県に移転し、
天然麹菌の自家採取に成功。さらに、パンで積み上げた発酵技術を活かし、
野生の菌だけで発酵させるクラフトビール製造を実現するため、
2015年鳥取県智頭町へ移転。元保育園を改装し、
パン、ビール、カフェの3本柱で事業を展開している。
著書に『田舎のパン屋が見つけた「腐る経済」』(講談社)。

**菌の声を聴け**

**タルマーリーのクレイジーで豊かな実践と提案**

2021年5月28日　初版第1刷発行
2021年11月11日　初版第3刷発行

著者　渡邉格・麻里子

発行者　三島邦弘
発行所　(株)ミシマ社
〒152-0035　東京都目黒区自由が丘2-6-13
電話　03-3724-5616 ／ FAX　03-3724-5618
e-mail　hatena@mishimasha.com
URL　http://www.mishimasha.com/
振替　00160-1-372976

装丁　寄藤文平・古屋郁美(文平銀座)
口絵写真　タルマーリー外観：川瀬一絵
ビール、パン、ピザ：相馬ミナ
印刷・製本　藤原印刷株式会社
組版　有限会社エヴリ・シンク


ISBN　978-4-909394-51-4